水产养殖新技术推广指导用书

中 国 水 产 学 会
全国水产技术推广总站 组织编写

淡水小龙虾高效生态

DANSHUI XIAOLONGXIA GAOXIAO SHENGTAI

养殖新技术

YANGZHI XIN JISHU

唐建清　周凤健　主编

U0202270

海洋出版社

2014年·北京

图书在版编目（CIP）数据

淡水小龙虾高效生态养殖新技术/唐建清，周凤健主编 . —北京：海洋出版社，2014.2（2016.3 重印）

（水产养殖新技术推广指导用书）

ISBN 978 - 7 - 5027 - 8790 - 5

Ⅰ.①淡…　Ⅱ.①唐…　②周…　Ⅲ.①龙虾科 - 淡水养殖
Ⅳ.①S966.12

中国版本图书馆 CIP 数据核字（2014）第 011663 号

责任编辑：杨　明
责任印制：赵麟苏

海洋出版社　出版发行

http://www.oceanpress.com.cn

北京市海淀区大慧寺路 8 号　邮编：100081
北京旺都印务有限公司印刷　　新华书店北京发行所经销
2014 年 2 月第 1 版　2016 年 3 月第 2 次印刷
开本：880 mm×1230 mm　1/32　印张：5.125
字数：139 千字　定价：15.00 元
发行部：62132549　邮购部：68038093　总编室：62114335
海洋版图书印、装错误可随时退换

1. 小龙虾腹部
2. 小龙虾背部
3. 精巢
4. 卵巢

5. 小龙虾洞穴（一）
6. 小龙虾洞穴（二）
7. 雄虾生殖器官
8. 雌虾生殖器官

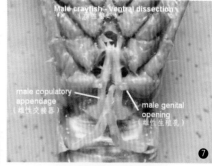

Male crayfish - Ventral dissection
（雄性解剖）
male copulatory appendage （雄性交接器）
male genital opening （雄性生殖孔）

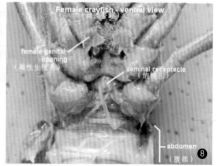

Female crayfish - ventral view
（雌性腹面观）
female genital opening （雌性生殖孔）
seminal receptacle （纳精孔）
abdomen （腹部）

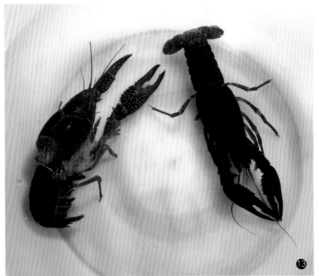

9. 小龙虾交配
10. 抱卵虾
11. 小龙虾的护幼习性
12. 小龙虾蜕壳（一）
13. 小龙虾蜕壳（二）

14. 小龙虾苗种繁育池塘
15. 土池繁育池安装的微孔增氧装置
16. 移栽水草
17. 繁育池塘内移栽成功的伊乐藻

18.控温孵化出的小龙虾仔虾
19.设计构建的抱卵虾生产装置
20.抱卵虾收集
21.抱卵虾暂养及受精卵控温孵化
22.受精卵
23.受精卵孵化床
24.繁育池塘移栽成功的眼子菜

25.仔虾氧气袋运输
26.成虾池内的沟渠
27.成虾池内的水生植物
28.防逃设施
29.进水口过滤和防逃设施
30.水花生

彩图

31. 水葫芦
32. 菹草
33. 轮叶黑藻
34. 竹叶眼子菜
35. 伊乐藻（一）
36. 伊乐藻（二）
37. 蕹菜

38. 麦芽
39. 人工配合饲料
40. 池塘微孔增氧设备
41. 稻田养殖小龙虾
42. 稻田养虾防逃设施
43. 水稻生长期

彩图

44. 水稻成熟期
45. 轮作稻田
46. "十"字形虾沟
47. 放下的稻田
48. 芦苇荡养殖小龙虾
49. 捕虾的地笼

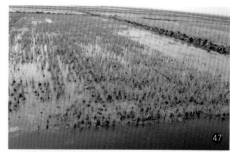

《水产养殖新技术推广指导用书》
编委会

丛 书 序

我国的水产养殖自改革开放至今，高速发展成为世界第一养殖大国和大农业经济中的重要增长点，产业成效享誉世界。进入21世纪以来，我国的水产养殖继续保持着强劲的发展态势，为繁荣农村经济、扩大就业岗位、提高生活质量和国民健康水平做出了突出贡献，也为海、淡水渔业种质资源的可持续利用和保障"粮食安全"发挥了重要作用。

近30年来，随着我国水产养殖理论与技术的飞速发展，为养殖产业的进步提供了有力的支撑，尤其表现在应用技术处于国际先进水平，部分池塘、内湾和浅海养殖已达国际领先地位。但是，对照水产养殖业迅速发展的另一面，由于养殖面积无序扩大，养殖密度任意增高，带来了种质退化、病害流行、水域污染和养殖效益下降、产品质量安全等一系列令人堪忧的新问题，加之近年来不断从国际水产品贸易市场上传来技术壁垒的冲击，而使我国水产养殖业的持续发展面临空前挑战。

新世纪是将我国传统渔业推向一个全新发展的时期。当前，无论从保障食品与生态安全、节能减排、转变经济增长方式考虑，还是从构建现代渔业、建设社会主义新农村的长远目标出发，都对渔业科技进步和产业的可持续发展提出了更新、更高的要求。

渔业科技图书的出版，承载着新世纪的使命和时代责任，客观上要求科技读物成为面向全社会，普及新知识、努力提高渔民文化素养、推动产业高速持续发展的一支有生力量，也将成为渔业科技成果入户和展现渔业科技为社会不断输送新理念、新技术的重要工具，对基层水产技术推广体系建设、科技型渔民培训和产业的转型提升都将产生重要影响。

中国水产学会和海洋出版社长期致力于渔业科技成果的普及推广。目前在农业部渔业局和全国水产技术推广总站的大力支持下，近期出版了一批《水产养殖系列丛书》，受到广大养殖业者和社会各界的普遍欢迎，连续收到许多渔民朋友热情洋溢的来信和建议，为今后渔业科普读物的扩大出版发行积累了丰富经验。为了落实国家"科技兴渔"的战略方针、促进及时转化科技成果、普及养殖致富实用技术，全国水产技术推广总站、中国水产学会与海洋出版社紧密合作，共同邀请全国水产领域的院士、知名水产专家和生产一线具有丰富实践经验的技术人员，首先对行业发展方向和读者需求进行广泛调研，然后在相关科研院所和各省（市）水产技术推广部门的密切配合下，组织各专题的产学研精英共同策划、合作撰写、精心出版了这套《水产养殖新技术推广指导用书》。

本丛书具有以下特点：

（1）注重新技术，突出实用性。本丛书均由产学研有关专家组成的"三结合"编写小组集体撰写完成，在保证成书的科学性、专业性和趣味性的基础上，重点推介一线养殖业者最为关心的陆基工厂化养殖和海基生态养殖新技术。

（2）革新成书形式和内容，图说和实例设计新颖。本丛书精心设计了图说的形式，并辅以大量生产操作实例，方便渔民朋友阅读和理解，加快对新技术、新成果的消化与吸收。

（3）既重视时效性，又具有前瞻性。本丛书立足解决当前实际问题的同时，还着力推介资源节约、环境友好、质量安全、优质高效型渔业的理念和创建方法，以促进产业增长方式的根本转变，确保我国优质高效水产养殖业的可持续发展。

书中精选的养殖品种，绝大多数属于我国当前的主养品种，也有部分深受养殖业者和市场青睐的特色品种。推介的养殖技术与模式均为国家渔业部门主推的新技术和新模式。全书内容新颖、重点突出，较为全面地展示了养殖品种的特点、市场开发潜力、生物学与生态学知识、主体养殖模式，以及集约化与生态养殖理念指导下的苗种繁育技术、商品鱼养成技术、水质调控技术、营养和投饲技术、病害防控技术等，还介绍了养殖品种的捕捞、运输、上市以及在健康养殖、无公害养殖、理性消费思路指导下的有关科技知识。

本丛书的出版，可供水产技术推广、渔民技能培训、职业技能鉴定、渔业科技入户使用，也可以作为大、中专院校师生养殖实习的参考用书。

衷心祝贺丛书的隆重出版，盼望它能够成长为广大渔民掌握科技知识、增收致富的好帮手，成为广大热爱水产养殖人士的良师益友。

中国工程院院士

2010 年 11 月 16 日

前　言

　　小龙虾是一种淡水经济甲壳动物，学名为克氏原螯虾（*Procambarus clarkii*）又名克氏螯虾、红色沼泽螯虾。近年来，随着市场需求的增加，小龙虾价格逐年攀升，广大渔、农户养殖热情高涨，小龙虾已跃升为我国水产养殖业发展最快和潜力最大的名优品种之一。该虾适应性广、群体繁殖力强，在我国大部分地区都适宜生存和发展，其养殖区域从江苏、安徽、湖北、湖南迅速扩展到北京、天津、山西、陕西、河南、山东、浙江、上海、福建、江西、广东、广西和台湾等 20 多个省、市、自治区。

　　目前，小龙虾养殖逐渐向产业化、规模化的方向发展，呈现出较好的经济效益和良好的发展态势。2009 年江苏、湖北等省将小龙虾列入了水产主推养殖品种。小龙虾养殖业已成为我国农村产业结构调整、农民增产增收的重要突破口。为了促进小龙虾养殖产业的又好又快发展，满足水产从业者和渔业基层工作人员对小龙虾养殖技术的迫切需求，笔者在多年亲身实践的基础上，将当前小龙虾养殖技术的最新进展，包括高产技术、先进方法和科学管理等，编写成这本《淡水小龙虾高效生态养殖新技术》。

　　本书较为系统地介绍了小龙虾养殖概况、主要生物学特性、捕捞与运输以及病害防治等方面的内容，同时着重介绍了小龙虾苗种生产技术和成虾养殖技术。本书在内容上力求简明扼要，通俗易懂，深入浅出，适合于不同层次读者的阅读，我衷心希望本书能为广大水产养殖户从事科学养殖提供帮助。

　　在本书的编写和出版过程中，我们始终坚持高标准、严要求，但由于水平有限，书中难免有错误和不妥之处，敬请广大读者批评指正。

编　者
2013 年 3 月

目　录

1

第一章　小龙虾养殖概述

内容提要： 小龙虾概况；小龙虾市场概况；小龙虾产业现状。

第一节　小龙虾概况

一、品种简介

小龙虾学名为克氏原螯虾 [*Procambarus clarkii* (Girard)]，英文名为 Red Swamp Crayfish 或 Red Swamp Crawfish，又称克氏螯虾、红色沼泽螯虾。因其形态与海水龙虾相似，所以常被人们称为淡水龙虾。小龙虾原产于美国南部和墨西哥北部，随着人类活动和人工养殖等因素的影响，小龙虾种群已广泛分布于非洲、亚洲、欧洲以及南美洲等 30 多个国家和地区。日本人于 1918 年将小龙虾从美国引入日本本州。20 世纪 30 年代小龙虾由日本传入我国的南京，开始在南京市及其郊县生存与繁衍。该虾适应性广、摄食性杂、繁殖力强，在较为恶劣的环境条件下也适宜它的生存和发展，甚至在一些连鱼类都难以存活的水体也能生活。尤其在我国南方长江中下游地区，这里江河、湖泊、池塘、沟渠及水田纵横交错，小龙虾以其顽强的生命力迅速繁殖。随着我国国民对小龙虾认识的提高和人为活动携带的传播，其种群很快发展到我国江苏、安徽、湖北、湖南、北京、天津、山西、陕西、河南、山东、浙江、上海、福建、江西、广东、广西和海南等 20 多个省、市及自治区，并成为归属于我国自然水体中的一个物种。目前我国已成为小龙虾的产量大国和出口大国，引起了世界各国的关注。

淡水螯虾类是淡水甲壳动物中个体最大的群体，也是淡水生物群落中的一个重要的组成部分。在水环境中，淡水螯虾对于能量转换和生态平衡起着十分积极的作用。它不仅是鱼类和高等水生动物的优良饵料，也是人类的优质美味食品。淡水螯虾种类丰富，分布广泛。全世界现已查明的淡水螯虾共有 500 余种，分属螯虾科（Astacidae）、蝲蛄科（Cambaridae）和拟螯虾科（Parastacidae），主要分布于北美洲及大洋洲。北美洲是淡水螯虾分布最多的大陆，大约有 400 多个种和亚种（约占全球淡水螯虾总数的 71%）；其次是大洋洲，约有 100 多个种，仅澳大利亚就有 97 种，其中不少是大型种类，如塔斯马尼亚大螯虾（*Astacopsis gouldi*）为世界最大的淡水螯虾；其他各大洲分布种类较少，大约有 1.5% 的淡水螯虾种类分布于南美洲，欧洲和亚洲分布的螯虾种类大约占 1.5%。

我国分布的淡水螯虾种类较少，仅有螯虾科的 2 属 4 种，其中东北螯虾（*Cambarus dauricus*）、朝鲜螯虾（*C. similis*）和史氏拟螯虾（*C. schrenkii*）为我国的土著种，均分布在东北地区，另一种是克氏原螯虾即小龙虾为外来物种。

二、食用历史

小龙虾以其味道鲜美、营养丰富而享誉全球，成为世界性消费的优质水产品。早在 18 世纪末小龙虾就已成为欧洲和美洲人民的重要食物资源，其经济及营养价值被充分认识。目前小龙虾食品逐渐成为众多家庭接待客人和探亲访友的佳品，形成了小龙虾食品文化。从消费发展的历史来看，开始由于小龙虾对农作物和其他水生动物具有很强的抑制和破坏作用，并且可食部位少，所以小龙虾起初被人们视为"有害动物"加以驱除，后来小龙虾被广泛用于制作动物饲料。随着欧美工业的发展，在许多人口密集区，很多餐馆将小龙虾烹饪成菜肴，这样使天然的小龙虾资源得到进一步开发，即从单纯的鲜活龙虾买卖发展为专门的小龙虾餐饮业。

而且根据不同地区的消费习惯，现已逐步形成小龙虾系列食品。

我国食用小龙虾的历史始于20世纪60年代，但主要食用地区为南京地区。70年代初期随着小龙虾在长江流域的快速扩散，采捕和食用小龙虾的地区逐步扩展，到80年代中后期饭店开始销售小龙虾，到了90年代由于消费者对小龙虾的认识加深和媒体的广泛宣传推广，国内大中城市的小龙虾消费日益火爆。小龙虾食品已普遍进入国内的饭店、宾馆、超级市场和家庭餐桌。盱眙"十三香龙虾"、冻熟龙虾虾仁、整肢龙虾、酱骨龙虾、椒盐龙虾、红烧龙虾等产品，在国内外市场上供不应求，其中冻熟龙虾虾仁、整肢龙虾等产品已远销至美国、欧盟及港澳等国家和地区，成为我国重要的淡水加工出口创汇产品。特别是盱眙中国龙虾节的连续成功举办，在全国迅速掀起龙虾风暴，盱眙"十三香龙虾"更是红遍大江南北。

三、养殖评价

小龙虾抗逆性和生命力极强，在我国大部分地区都可以养殖和自然越冬。小龙虾适应性广、摄食性杂、对环境要求低，各种鲜嫩水草、浮游动植物、野杂鱼虾以及各种腐殖质都是小龙虾喜食的饵料。对于人工投喂的各种动物性和植物性饲料小龙虾也都喜食。小龙虾繁殖力强，在长江中下游地区雌虾每年8月中旬至11月和翌年的3月至5月有两个产卵高峰期，其受精卵发育快，孵化率和幼虾成活率较高。仔虾脱离母体后，在温度适宜（20～32℃）、饵料充足的条件下，经60天左右饲养即可长成商品虾（20～30只/千克），养殖周期短、投入成本低、经济效益好。小龙虾肉质嫩滑，营养丰富，深受国际水产品市场和广大消费者的青睐，具有广阔的养殖前景。

1. 营养价值

虽然小龙虾含肉量和含肉率不高，但肉味鲜美、高蛋白、低脂肪、低热量，富含微生物和矿物质。根据有关报道，100克小龙虾干肉中，蛋白质含量为58.5%，脂肪6.0%，几丁质2.1%，矿物质6.6%，灰分16.8%，水分8.2%以及含有多种微量元素

（表1-1）。小龙虾蛋白质含量明显高于大多数淡水和海水鱼虾，特别是其肉质部位除了含有人体所必需的而体内又不能合成或合成量不足的8种必需氨基酸外，还含有脊椎动物体内含量很少的精氨酸。另外，还含有幼儿必需的组氨酸（表1-2）。小龙虾脂肪含量不但比畜禽肉低得多，甚至比青虾、对虾还低很多，而且其脂肪大多是人体所必需的不饱和脂肪酸，易被人体消化、吸收，并能有效防止胆固醇在机体内的蓄积。占小龙虾体重约5%的肝胰脏（俗称虾黄）更是营养丰富，味道鲜美，含有丰富的不饱和脂肪酸、蛋白质、游离氨基酸和微量元素，且富含硒以及维生素A、维生素C和维生素D等。红壳龙虾肉质中蛋白质含量明显高于青壳龙虾，且红壳龙虾虾肉和肝中的脂肪含量比青壳龙虾要低一些（表1-3）。

表1-1　小龙虾微量元素含量（毫克/千克）

名称	肉质部	头壳
Ca	2 700.0	142 900.0
Mg	1 300.0	3 100.0
Fe	150.0	110.0
Zn	88.0	76.0
Cu	22.0	27.0
Mn	24.0	160.0
Co	2.0	5.4
Ni	2.5	3.0
Se	2.5	5.9
Ge	4.1	5.4
Pb	2.5	7.2

（引自王汝娟，1997）

表1-2　小龙虾游离氨基酸含量（毫克/千克）

名称	肉质部	头壳	名称	肉质部	头壳
门冬氨酸	226.8	175.5	异亮氨酸*	613.2	343.4

名称	肉质部	头壳	名称	肉质部	头壳
苏氨酸*	1 099.9	592.5	亮氨酸*	1 118.3	575.7
丝氨酸	1 212.2	346.7	酪氨酸	402.4	399.4
谷氨酸	478.5	621.2	苯丙氨酸*	573.4	493.0
脯氨酸	1 523.9	676.2	赖氨酸*	1 456.1	544.0
甘氨酸	2 056.5	924.6	组氨酸	997.5	510.0
丙氨酸	6 444.8	4 025.1	精氨酸	23 955.1	5 776.9
胱氨酸	159.2	182.2	色氨酸*	106.6	135.2
缬氨酸*	1 243.8	653.8	羟氨酸	945.5	577.9
蛋氨酸*	686.9	282.6	牛磺酸	754.8	666.5

注：标有"＊"为人体必需氨基酸（引自王汝娟，1997）。

表1-3 红壳龙虾和青壳龙虾营养分析（%）

样品（20只）	虾肉				肝胰脏			
	水分	脂肪	蛋白质	灰分	水分	脂肪	蛋白质	灰分
红壳龙虾	70.1	1.2	26.4	2.3	50.3	23.1	17.1	9.5
青壳龙虾	79.9	1.4	17.6	1.1	43.7	28.3	20.8	7.2

2. 药用价值

小龙虾不仅肉质鲜美、营养丰富，而且具有较高的食疗价值。小龙虾体内含有较多的原肌球蛋白和副肌球蛋白，具有很好的补肾、壮阳、滋阴和健胃之功能，且有镇定安神作用。经常食用小龙虾，不仅可以使人体神经与肌肉保持兴奋性、提高运动耐力，而且还能抵抗疲劳，防治多种疾病。小龙虾较其他虾类含有更多的铁、钙、锰和胡萝卜素，钙和锰是与机体神经系统和肌肉兴奋性有关的元素，血清钙量下降可使神经和肌肉的兴奋性增高，锰对中枢神经具有调节作用。因此，小龙虾是营养保健、食疗、食补之佳品。小龙虾虾壳可以入药，它对多种疾病均有疗效。将蟹、虾壳和桅广焙成粉末，可治疗神经痛、风湿、小儿麻痹、癫痫、胃病及妇科病等。美国还利用龙虾壳制造止血药。

3．商品价值

随着小龙虾营养价值、保健功能研究的不断深入，各种美味高档的小龙虾副食产品不断推陈出新，形成了系列产品，目前主要有：冻生龙虾肉、冻生龙虾尾、冻生整肢龙虾、冻熟龙虾虾仁、冻熟整肢龙虾、冻虾黄、水洗龙虾肉等。龙虾加工废弃的虾头和虾壳经综合利用，可用于制成调味料和甲壳质。制成的调味料风味独特，价廉物美，可作为各种方便食品、营养保健品和家庭、酒店中的高档调味佳品。甲壳质及其衍生物广泛应用于食品、轻工、医药、环保、化工等诸多领域。

4．饲料价值

小龙虾还是很好的动物性饲料，为名特优水产和畜牧动物提供优质动物蛋白。有研究证明，用虾头、虾壳经晒干粉碎制成饲料添加剂，对家畜养殖有很好的促生长作用。

第二节　小龙虾市场概况

小龙虾是当今世界最红火的消费品种，在国内外市场备受青睐。虽然人工养殖面积逐年增加，养殖产量快速增长，但仍远远满足不了国际和国内市场的消费需求。欧美国家是小龙虾的主要消费国，美国年消费量6万～8万吨，自给能力不足1/3。瑞典更是小龙虾的狂热消费国，每年举行为期3周的龙虾节，全国上下不仅吃小龙虾，人们还在餐具、衣服上绘制小龙虾图案，场面十分隆重，瑞典每年小龙虾进口量就达5万～10万吨。西欧市场一年消费小龙虾6万～8万吨，而自给能力仅占总消费量的20%。

早在20世纪60年代，小龙虾就进入南京人的家庭餐桌，进入21世纪后，随着我国广大消费者对小龙虾认识的提高以及盱眙"中国龙虾节"的连续成功举办，在全国迅速掀起龙虾红色风暴，风靡国内市场，吃食小龙虾成为时尚消费，成为餐饮业最主要的热门菜肴。以小龙虾为特色菜肴的餐馆、大排档遍布全国城镇的大街小巷，国内小龙虾市场呈现出强劲的发展势头，消费量迅猛增长。在南京、上海、北京、武汉、合肥等大中城市，一年的消费量均超过万吨。这些大中城市，一个晚上全市饭店、大排档的小龙虾销售量在1.5万千克左右。据有关资料介绍，合肥每晚能卖出150千克以上龙虾的饭店和排档有30余家；每晚卖50千克的有100多家；每晚卖10~20千克的小摊档则数不胜数。江苏是我国最大的小龙虾的消费省，消费市场较为成熟，据南京餐饮协会统计，小龙虾在南京餐饮业中每年产生100亿元以上的产值。目前全国每年小龙虾消费约35万吨，江苏的消费量有12万~15万吨，占全国的1/3以上，而且消费群体还在进一步扩大。江苏的克氏原螯虾餐饮业在做强做大的同时，保持着自身的特色和消费群体，注重品牌效应和杠杆效应，如南京星湖饭店的"红透龙虾"有9个品种，消费层次主要是白领阶层，制定了"金字塔"选料规范，价格也相对较高，2009年月销售额创纪录地达到了700万元；南京华江饭店的"华江龙虾"推出了龙虾宴。南京龙虾也自此开启了"品牌时代"，继"红透龙虾"、"华江龙虾"之后，南京龙虾市场先后冒出了"龙宫龙虾"、"虾公馆"、"宋记"、"红叶龙虾"等多个品牌。盱眙人从2000年开始举办"龙虾节"，最初只是在家门口"自娱自乐"，经过多年的成功举办，目前已走出国门成为国际性节日，全县从事龙虾相关产业的农民已近10万人，盱眙也因此名扬天下，克氏原螯虾效应越来越大。经济较发达的苏州、无锡、常州近年来也引发了克氏原螯虾消费的狂热，高档专业克氏原螯虾饭店像雨后春笋般发展起来。消费市场的旺盛和内需的扩大，促使了价格逐年上升。以南京水产品批发市场交易价格为例，在年交易量最大的5月份，2007年规格50克/尾以上的平均价格为25元/千克，2009年同期同规格虾上涨到40元/千克以上，涨幅高达60%，其他规格虾价格两年内也上涨了50%以上，市场前景十分广阔。南京克氏原螯虾的消费价格已成为全国克氏原螯虾市场的晴雨表。从目前消费水平看，国内外市场小龙虾缺口极大，市场价格在近年内呈上升趋势。因此，发展小龙虾人工养殖不但可以弥补自然资源量不足的缺口，解决消费市场供求矛盾，还能促进农民走上致富之路。综上所述，小龙虾市场前景十分广阔。

第三节　小龙虾产业现状

我国小龙虾产业开发大体可分为三个阶段：一是捕捞野生克氏原螯虾发展加工阶段，二是顺应市场需求探索克氏原螯虾养殖阶段，三是产业化推进打造优势主导产业阶段。

我国小龙虾的产业化起步于 20 世纪 80 年代末，主要以利用野生资源进行产品加工出口为主，出口的加工产品主要包括冻熟虾仁、带壳整虾、冻熟凤尾虾等几大类。小龙虾经过深加工出口，产品附加值大幅提高，每吨商品虾新增产值 2 万元，获利 1 万元，增值率高达 50% 以上。90 年代中期我国小龙虾出口较大，每年都有 4 万吨左右的小龙虾出口至北美及欧洲，1999 年出口量接近 10 万吨，其中至少有 7 万吨出口至美国。进入 21 世纪后，随着国际市场的变化和国内消费市场的热销，出口量急剧下降，2006 年仅出口虾仁 19 729 吨。近年来小龙虾的加工出口又出现回暖现象，出口量逐年增大，2008 年全国出口小龙虾加工产品达 2.5 万吨，2009 年上半年的出口量就超过 2 万吨，显示了较好的上升势头。我国加工出口均为"订单"企业，加工产品的品种单一，比较效益小，利润大部分落入外商口袋，抗风险能力弱。因此，小龙虾加工技术要应对日益变化的国际市场，开发适合国际国内不同需求的精深加工产品，同时培育有实质意义的利益共同体，建立产业战略合作联盟，通过相互合作、资源共享等有效的治理机制，统筹产业链上各环节的关系，建立上下游企业联合或共同经营，降低交易成本，获取规模经济与范围经济优势，提高企业的竞争优势和出口创汇能力。

小龙虾的虾壳占整个虾体重的 50%～60%，其主要成分是甲壳素，它是一种天然的生物高分子化合物，是仅次于纤维素的第二大可再生资源，且是迄今已发现的唯一的天然碱性多糖。但是甲壳素的化学性质不活泼，溶解性很差，若经深加工脱去分子中的乙酰基，则可转变为用途广泛的壳聚糖。江苏从 20 世纪 80 年代就开始生产甲壳素，目前全省年生产甲壳素半成品 2 000 吨以上，价格为 3 万~5 万元/吨；甲壳素成品 1 000 多吨，价格为 16 万~20 万元/吨；深加工氨糖 800~1 000 吨，价格在 20 万元/吨以上，全省各类甲壳素生产总产值达 5 亿元以上。目前江苏省生产的产品有甲壳素、壳聚糖、几丁聚糖胶囊、几丁聚糖、水溶性几丁聚糖、羧甲基几丁聚糖、甲壳低聚糖等，其中 80% 以上的产品出口日本、欧美等国家和地区。

我国小龙虾养殖产业是由加工和餐饮业的发展而带动起来的，养殖产业发展始于 21 世纪初，规模较小，效益不稳定。但经过这几年的快速发展，其产业链已基本形成，成为一些地区发展农村经济、带动农民致富奔小康的地方特色产业和优势产业。此产业链中的第一产业是小龙虾养殖业，第二产业是小龙虾食品和产品加工业，第三产业是以小龙虾为对象发展的餐饮和旅游服务业。在小龙虾产业链中第三产业是小龙虾产业发展的助推手，对小龙虾第一和第二产业的发展具有巨大的推动作用。正是因为十多年来小龙虾餐饮服务业的火暴，第三产业的快速发展，才有小龙虾产业如今喜人的局面。

目前我国小龙虾主产区是长江中下游地区和淮河流域的江苏、安徽、湖北、江西、湖南等省，到 2009 年全国小龙虾养殖面积已超过 500 万亩[1]，其中湖北省 206 万亩，江苏省 95 万亩，浙江省、安徽省和江西等省市约为 200 万亩。主要养殖模式有：池塘主养、池塘虾蟹混养、滩地围养、稻虾共作养殖、水生蔬菜田（池）养殖等，养殖产量和效益较好，社会经济价值显著。小龙虾养殖成为仅次于河蟹养殖的特种水产养殖品种。

---

①亩为我国非法定计量单位，1 亩≈666.7 平方米，1 公顷 = 15 亩，以下同。

第二章　小龙虾主要生物学特征

内容提要：分类及分布；形态特征；生活习性；繁殖习性。

第一节　分类及分布

　　小龙虾（克氏原螯虾）在分类学上隶属动物界（Animalia）、节肢动物门（Arthropoda）、甲壳纲（Crustacea）、十足目（Decapoda）、爬行亚目（Reptantia）、螯虾科（Cambaridae）、原螯虾属（*Procambarus*）。小龙虾在淡水螯虾中属中小型个体，其分布在一定程度上受到气候因素的限制，欧洲、葡萄牙、西班牙、法国等气候温暖的国家小龙虾分布数量较多；而在德国、意大利、瑞士等寒冷的地区分布数量则很少。小龙虾于20世纪30年代由日本引进我国，起初在江苏省南京市以及郊县繁衍，随着自然种群的扩展和人工养殖的开展，现已广泛分布于新疆、甘肃、宁夏、内蒙古、山西、陕西、河南、河北、天津、北京、辽宁、山东、江苏、上海、安徽、浙江、江西、湖南、湖北、重庆、四川、贵州、云南、广西、广东、福建及海南等20多个省、市、自治区，成为我国重要的水产资源。长江中、下游地区和淮河流域的小龙虾生物种群数量较大，是我国小龙虾主产区。

第二节 形态特征

一、外部形态

小龙虾成虾体长一般为 7～13 厘米（眼眶基部至尾扇距离），体形粗短，左右对称，体表具坚硬的外壳，甲壳呈深红色。虾体由头胸和腹两部分组成。头部和胸部粗大完整，且完全愈合成一个整体，称为头胸部。腹部与头胸部明显分开。小龙虾全身由 21 个体节组成，除尾节无附肢外共有附肢 19 对，其中头部 5 对，胸部 8 对，腹部 6 对，尾节与第六腹节的附肢共同组成尾扇，尾扇发达。小龙虾游泳能力甚弱，善匍匐爬行（彩图 1 和彩图 2）。

1. 头胸部

小龙虾头胸部特别粗大，由头部 6 节和胸部 8 节愈合而成，外被头胸甲。头胸甲坚硬，钙化程度高，长度几乎占体长的一半。额剑呈三角形，光滑、扁平，中部下陷成槽状，前端尖细。额剑基部两侧各有一带眼柄的复眼，可自由转动。头胸甲背面与胸壁相连，两侧游离形成鳃腔。头胸甲背部中央有一条横沟，即颈沟，是头部与颈部的分界线。

头胸部共有 13 对附肢（表 2-1）。头部有 5 对，前 2 对为触角，细长鞭状，具感觉功能；后 3 对为口肢，分别为大颚和第一小颚和第二小颚。大颚坚硬而粗壮，内侧有基颚，形成咀嚼，内壁附有发达的肌肉束，利于咬切和咀嚼食物。胸部有胸肢 8 对，前 3 对为颚足，后 5 对为步足。

2. 腹部

腹部分节明显，包括尾节共计 7 节，节间有膜。外骨骼通常分为背板、腹板、侧板和后侧板，尾节扁平。腹部附肢 6 对（表 2-1），称为游泳肢，欠发达。雄性个体第一、二对腹肢变为管状交接器，雌性个体第一对腹肢退化。尾肢十分强壮，与尾柄一起合称尾扇。

表2-1 小龙虾各附肢的结构与功能

体节		附肢名称	结构/分节数			功能
			原肢	内肢	外肢	
头部	1	小触角	基部有平衡囊/3	连接成短触须	连接成短触须	嗅觉、触觉、平衡
	2	大触角	基部有腺体/2	连接成长触须	宽薄的叶片状	嗅觉、触觉
	3	大颚	内缘有锯齿/2	末端形成触须/2	退化	咀嚼食物
	4	第一小颚	薄片状/2	很小/1	退化	摄食
	5	第二小颚	两裂片状/2	末端较尖/1	长片状/1	摄食、激动鳃室水流
胸部	6	第一颚足	片状/2	小而窄/2	非常细小/2	感觉、摄食
	7	第二颚足	短小、有鳃/2	短而粗/5	细长/2	感觉、摄食
	8	第三颚足	有鳃、愈合/2	长、粗而发达/5	细长/2	感觉、摄食
	9	第一胸足	基部有鳃/2	粗大、呈螯状/5	退化	攻击和防卫
	10	第二胸足	基部有鳃/2	细小、呈钳状/5	退化	摄食、运动、清洗
	11	第三胸足	基部有鳃,雌虾基部有生殖孔/2	细小、呈钳状,成熟雄性有刺钩/5	退化	摄食、运动、清洗
	12	第四胸足	基部有鳃/2	细小、呈爪状,成熟雄性有刺钩/5	退化	运动、清洗
	13	第五胸足	基部有鳃,雄性基部有生殖孔/2	细小/5	退化	运动、清洗
腹部	14	第一腹足	雌性退化,雄性演变成钙质的交接器			雄性交配时起辅助作用
	15	第二腹足	雌性短小/2,雄性演变成钙质的交接器			雄性交配时起辅助作用激动水流,雌性还有抱卵和保护幼体功能

体节	附肢名称	结构/分节数			功能
		原肢	内肢	外肢	
腹部	16 第三腹足	雌性短小/2	雌性成分节的丝状体	丝状体	雌性有激动水流，抱卵和保护幼体的功能
	17 第四腹足	短小/2	分节的丝状体	丝状体	激动水流，雌性还有抱卵和保护幼体功能
	18 第五腹足	短小/2	分节的丝状体	丝状体	激动水流，雌性还有抱卵和保护幼体功能
	19 第六腹足	短而宽/1	椭圆形片状/1	椭圆形片状/1	游泳，激动水流，雌性有抱卵和护幼体功能

（仿舒新亚）

3. 体色

小龙虾全身覆盖由几丁质、石灰质等组成的坚硬甲壳，对身体起支撑、保护作用，称为"外骨骼"。小龙虾性成熟的个体体表呈暗红色或深红色，未成熟个体为青色或青褐色，有时还见蓝色。小龙虾的体色常随栖息环境不同而变化，如生活在长江中的小龙虾成熟个体呈红色，未成熟个体呈青色或青褐色；生活在水质恶化的池塘、河沟中的小龙虾成熟个体常为暗红色，未成熟个体常为褐色，甚至黑褐色。这种体色的改变，是对环境的适应，具有保护作用。

二、内部形态

小龙虾属节肢动物门，体内无脊椎（图2-1），具有消化系统、呼吸系统、循环系统、排泄系统、神经系统、生殖系统、肌肉运动系统、内分泌系统等。

第二章 小龙虾主要生物学特征

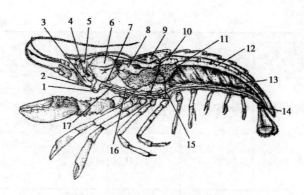

图 2 - 1　淡水小龙虾的内部结构

1. 口；2. 食管；3. 排泄管；4. 膀胱；5. 绿腺；6. 胃；7. 神经；

8. 幽门胃；9. 心脏；10. 肝胰脏；11. 性腺；12. 肠；13. 肌肉；

14. 肛门；15. 输精管；16. 副神经；17. 神经节

1. 消化系统

小龙虾消化系统由口器、食道、胃、肠、肝胰脏、直肠及肛门组成。口开于大颚之间，后接食道，食道很短，呈管状。食物由口器的大颚切断咀嚼送入口中，经食道进入胃。胃膨大，分贲门胃和幽门胃两部分，贲门胃的胃壁上有钙质齿组成的胃磨，蜕壳前期和蜕壳期较大，蜕壳间期较小，起着调节钙质的作用。食物经贲门胃进一步磨碎后，经幽门胃过滤进入肠，在头胸部的背面，肠的两侧各有一个黄色分支状的肝胰脏，除分泌消化酶帮助消化食物外，还具有吸收贮藏营养物质的作用。肝胰脏有肝管与肠相通。肠的后段细长，位于腹部的背面，其末端为球形的直肠，通肛门，肛门开口于尾节的腹面。

2. 呼吸系统

小龙虾的呼吸系统由鳃组成，共 17 对。其中 7 对鳃较为粗大，与第二、第三颚足及第五对胸足的基部相连；其他 10 对鳃细小，薄片状，与鳃壁相连。小龙虾呼吸时，颚足驱动水流进入鳃室，水流经过鳃完成气体交换，水流的不断循环，保证了呼吸作用所需氧气的供应。

3. 循环系统

小龙虾的循环系统包括心脏、血液和血管，是一种开放式循环。心脏位于头胸部背面的围心窦中，为半透明、多角形的肌肉囊，有三对心孔，内有防止血液倒流的膜瓣。血液即是体液，为透明、无色的液体，血液中含血蓝素，与氧气结合呈现蓝色。

4．神经系统

小龙虾的神经系统由神经节、神经和神经索组成。神经节主要有脑神经节、食道下神经节等。神经则连接神经节通向全身，从而使小龙虾能正确感知外界环境的刺激，并迅速做出反应。小龙虾的感觉器官为第一、第二触角以及复眼和触角基部的平衡囊，司嗅觉、触觉、视觉及平衡功能。现代研究证实，小龙虾的脑神经干及神经节能够分泌多种神经激素，这些神经激素调控着小龙虾的生长、蜕皮及生殖生理过程。

5．生殖系统

小龙虾雌雄异体，区别明显，雄虾第五步足基部有一对生殖突，其中间有生殖孔，雌虾在第三步足基部有一对生殖孔，较明显。雄性生殖系统包括精巢 3 个，输精管 1 对及位于第五步足基部的 1 对生殖突，精巢呈三叶状排列（彩图 3），雌性生殖系统包括卵巢 3 个，呈三叶状排列（彩图 4）。

6．肌肉运动系统

小龙虾的肌肉运动系统由肌肉和甲壳组成，甲壳又被称为外骨骼，起着支撑的作用，在肌肉的牵动下起着运动的功能。

7．内分泌系统

小龙虾的内分泌系统在资料中很少提到，实际上小龙虾是有内分泌系统的，只是它的许多内分泌腺与其他结构组合在一起，分泌多种调控蜕皮、精（卵）细胞蛋白合成和性腺发育的激素。

8．排泄系统

小龙虾大触角基部有一对绿色腺体，腺体后具膀胱，由排泄管通向大触角的基部，并开口于体外。

第三节　生活习性

一、栖息

小龙虾常栖息于水体较浅、水草丰盛的湿地、沟渠、湖泊、水库、稻田等水域中，营底栖生活。该虾具有较强的掘穴能力，亦能在河岸、沟边、沼泽借助螯足和尾扇造穴，栖居繁殖。小龙虾喜阴怕光，通常抱住水体中的水草或悬浮物，呈"睡眠"状。受到惊吓或光线强烈时则沉入水底或躲藏于洞穴中，具有昼夜垂直运动现象。小龙虾生存能力较强，出水后若能保持体表湿润，可在较长时间内保持鲜活。

1. 溶氧

小龙虾适应性广，对环境要求不高，无论江河、湖泊、水渠、水田和沟塘都能生存，有些个体甚至可以忍受长达 4 个月的干旱环境。溶氧是影响小龙虾生长的一个重要因素。小龙虾昼伏夜出，耗氧率昼夜变化规律非常明显，有研究指出成虾夜间 12 小时的耗氧率平均为（0.156 ± 0.008）毫克/（克·小时），白天 12 小时的耗氧率平均为（0.134 ± 0.009）毫克/（克·小时）；幼虾夜间 12 小时的耗氧率平均为（0.484 ± 0.011）毫克/（克·小时），白天 12 小时的耗氧率平均为（0.369 ± 0.051）毫克/（克·小时）。在水体缺氧时，它不但可以爬上岸，还可以借助水中的漂浮物或水草将身体侧卧于水面，利用身体一侧的鳃呼吸以维持生存。养殖生产中，冲水和换水是获得高产优质商品虾的必备条件。流水可刺激小龙虾蜕壳，促进其生长；换水能减少水中悬浮物，保持水质清新，提高水体溶氧量。在这种条件下生长的小龙虾个体饱满，背甲光泽度强，腹部无污物，因而价格较高。

2. 水温

小龙虾生长的适宜水温为 15～32℃，最适生长温度为 18～28℃，当温度低于 18℃或高于 28℃时，生长率下降。成虾耐高温和低温的能力比较强，能适应 40℃以上的高温和 -15℃的低温。

在珠江流域、长江流域和淮河流域均能自然越冬。

3. pH 值

小龙虾喜中性和偏碱性的水体，能在 pH 值为 4 ~ 11 的水体中生活，当 pH 值为 7 ~ 9 时最适合其生长和繁殖。

4. 其他

小龙虾对重金属及某些农药如敌百虫、敌杀死等菊酯类杀虫剂非常敏感，因此养殖水体应符合国家颁布的渔业水质标准和无公害食品淡水水质标准，若水质不达标，会影响小龙虾的生长发育和产品质量。

二、行为

1. 攻击行为

小龙虾生性好斗，在饲料不足或争夺栖息洞穴时，往往出现相互搏斗现象。小龙虾个体间的攻击行为在其社会结构和空间分布形成过程中起着重要作用，攻击性强的个体在种群内将占有优势地位。但较强的攻击行为将导致种群内个体的死亡，引起种群扩散和繁殖障碍。有研究指出，小龙虾幼体早在第 II 期就显示出了种内攻击行为，当幼虾体长超过 2.5 厘米时，相互残杀现象明显，在此期间如果一方是刚蜕壳的软壳虾，则很可能被对方击伤甚至吃掉。因此，人工养殖过程中应适当移植水草或在池塘中增添隐蔽物，以增加环境复杂度，减少小龙虾相互间接触的机会。

2. 领域行为

小龙虾领域行为明显，它们会精心选择某一区域作为其领域，在其区域内进行掘洞、活动、摄食，不允许其他同类进入，只有在繁殖季节才可以有异性进入。

3. 掘洞行为

小龙虾善掘洞，在冬夏两季营穴居生活（彩图 5 和彩图 6）。它们一般在水边近岸掘穴，大多数洞穴的深度在 50 ~ 80 厘米，少部分洞穴的深度超过 1 米。通常横向平面走向的小龙虾洞穴才有 1 米以上深度的可能，而垂直纵深向下的洞穴均比较浅。小龙虾的掘洞速度很快，一夜掘洞深度超过 30 厘米，尤其在新的生活环境中更为明显。洞穴直径视虾体大小有所区别,掘洞的洞口位置常选择在水平面处,且常因水位的变化而使洞口高出或低于水平面,一般在水面上下20厘米处小龙虾洞口较多。

水体底质条件对小龙虾掘洞的影响较为明显,在底质有机质缺乏的砂质土中,小龙虾打洞现象较多,而在硬土上打洞较少。在水质较肥,底层淤泥较多,有机质丰富的环境中,小龙虾洞穴明显减少。但是,无论何种生存条件,繁殖季节小龙虾打洞的数量明显增多。我们研究发现在人工养殖小龙虾时,有人工洞穴的小龙虾存活率为92.8%,无人工洞穴的对照组存活率仅为14.5%,差异极显著。究其原因主要是小龙虾领域性较强,当多个拥挤在一起的小龙虾进入彼此领域内时会发生打斗,造成伤亡,进而导致死亡。

4. 趋水行为

小龙虾具有很强的趋水性,喜新水、活水、逆水上溯,且喜集群生活。在养殖池中常成群聚集在进水口周围。该虾在下大雨时可逆流上岸作短暂停留或逃逸。水中环境不适时也会爬上岸边栖息,因此养殖塘口要有防逃的围栏设施。

三、食性与摄食

小龙虾食性杂,喜食各种鲜嫩的水草、水体中的底栖动物、软体动物、大型浮游动物、各种鱼虾的尸体以及人工投喂的各种植物性、动物性及配合型饲料。

小龙虾的食性在不同的生长发育阶段稍有差异。刚孵出的幼虾以其自身存留的卵黄为营养。幼虾主要摄食底栖藻类、枝角类、桡足类、小型水生昆虫和有机碎屑等。成虾主要摄食植物碎片、有机碎屑、丝状藻类、固着硅藻、底栖小型无脊椎动物、水生昆虫和动物尸体等,尤其喜食螺蚌肉、小杂鱼等。人工养殖情况下,幼虾可投喂丰年虫无节幼体、螺旋藻粉等;成虾养殖可直接投喂绞碎的米糠、豆饼、杂鱼、螺蚌肉、蚕蛹、蚯蚓、屠宰场下脚料或配合饲料等。小龙虾配合饲料多为颗粒饲料,蛋白质含量在25%以上,颗粒饵料以泡水后能保持2小时以上不散开,长度为5~12毫米、直径为1~3毫米为宜。

小龙虾多爬行，不善游泳，在自然条件下对动物性饲料捕获的机会少，因此在食物组成中植物性成分占90%以上（表2-2）。苦草、轮叶黑藻、凤眼莲、水浮莲、喜旱莲子草、水花生等都是小龙虾喜食的水草。在养殖小龙虾时种植水草可以大大节约投入成本，这些水草不仅是小龙虾的天然饵料，也是其隐蔽、栖息、蜕壳的理想场所。

表2-2　天然水域中小龙虾的食物组成、出现频率及重量百分比（%）

食物名称	洞庭湖		洪湖		鄱阳湖	
	出现率	重量比	出现率	重量比	出现率	重量比
菹草	46.2	24.1	9.6	20.7	45.6	22.4
马来眼子菜	33.5	13.3	12.7	13.8	35.6	13.6
金鱼藻	41.5	11.7	3.8	12.7	24.6	10.2
轮叶黑藻	36.9	20.6	12.4	15.6	37.8	18.6
黄丝藻	12.7	4.8	35.7	12.3	21.4	8.5
植物碎片	32.5	15.6	35.4	15.9	36.5	16.4
丝状藻类	41.5	4.8	43.7	5.2	45.8	5.5
轮虫	11.5	0.5	12.8	0.4	13.5	0.5
枝角类	7.9	0.7	5.8	0.3	6.7	0.4
桡足类	10.3	0.6	9.8	0.6	9.4	0.5
昆虫类	32.6	1.2	35.6	1.5	36.2	1.6
鱼类	14.6	0.6	15.4	0.5	16.4	0.6
水蚯蚓	15.6	0.6	16.5	0.7	15.9	0.6
摇蚊幼虫	10.6	0.6	9.8	0.4	8.7	0.4

（引自谢文星，2008）

小龙虾的摄食能力很强，且具有贪食、争食的习性，饵料不足或群体密度过大时，会导致相互残杀，尤其会出现硬壳虾蚕食软壳虾的现象。小龙虾摄食多在傍晚或黎明进行，尤以黄昏为多。在人工养殖条件下，经过一段时间的驯化，小龙虾在白天也会出来觅食。小龙虾摄食的最适水温为15～28℃，水温低于8℃或超过

35℃摄食明显减少,甚至不摄食。4—7月份和9—10月份水温适宜,是小龙虾生长旺盛期,一般每天投喂2~3次,时间在上午09:00—10:00和日落前后或夜间,日投饲量为虾体重的5%~8%;其余季节每天可投喂1次,于日落前后进行,或根据摄食情况于次日上午补喂一次,日投饲量为虾体重的1%~3%。饲料应投在池塘四周浅水处,小龙虾集中的区域可适当多投,以利其摄食和饲养者检查摄食情况。实际投饲量可根据摄食情况而定,一般以傍晚投饲为主,投饲量以2~3小时基本吃完为宜。饲料投喂还应注意:天气晴好时多投,高温闷热、连续阴雨天或水质过浓时则少投;大批虾蜕壳时少投,蜕壳后多投。

部分养殖户长期错误地认为小龙虾摄食鱼苗、鱼种,对水产养殖有很大的危害。为此我们专门研究了小龙虾对鲤鱼、草鱼、白鲢和罗非鱼四种鱼苗、鱼种成活率的影响,实验结果表明:四种鱼种与小龙虾混养的成活率均为100%;四种鱼苗与小龙虾混养,平均成活率均为90%以上。目前已经有养殖户在夏花池中套养小龙虾的例子,小龙虾的生长速度很快,也不影响夏花的生长,套养效果很好。

第四节　繁殖习性

一、雌雄虾鉴别

小龙虾雌雄形态有所区别,主要可通过以下方法鉴别(彩图7和彩图8)。

①同龄亲虾,雄虾个体大于雌虾;

②雌虾的第一腹肢退化,细小,第二腹肢正常,雄虾第一、二腹肢变成管状,较长,为淡红色;

③体长相近的亲虾,雄性的螯足较雌性发达,且雄性螯足两端外侧有一明亮的红色软疣;成熟的雄虾在螯上有倒刺,倒刺随季节而变化,春夏交配季节倒刺长出,而秋冬季节倒刺消失,雌虾没有倒刺;

④雌虾腹部有一纳精囊，第三对步足基部有 1 对生殖孔，呈圆形，由一薄膜覆盖。雄性腹部四个附肢钙质化，螯足有红色柔软的膜质带，第五对步足基部有 1 对生殖突。

二、繁殖季节

小龙虾性腺发育与季节变化和地理位置有很大关系。在长江流域，自然水体中的小龙虾一年中有两个产卵高峰期，一个在春季的 3—5 月份，另一个在秋季的 9—11 月份。秋季是小龙虾的主要产卵季节，产卵群体大，产卵期也比春季长。

三、产卵周期

关于小龙虾的繁殖特性已有大量报道，主要有两种观点：一种观点认为小龙虾一年多次产卵，另一种观点认为一年产一次卵。Huner（1984）研究了路易斯安那州的小龙虾后认为，一年能有两个世代产生。产卵期的开始，很大程度上受环境因素的影响，如水文周期、降雨量和水温等。他认为 13℃ 以下，卵的成熟、孵化和个体的生长都严重地被抑制，水位的变动对产卵期的推迟或提前也有很大影响。舒新亚等（1998）研究认为每年 8—12 月份是小龙虾的产卵期，在武汉地区一年产卵一次。魏青山（1985）报道小龙虾 9 月份达到性成熟，通常在 10 月产卵，有极少数雌虾延迟至次年 4 月下旬或 5 月上旬产卵。上述的研究结果虽说法不一，但一年有两个产卵期是与我们的研究基本吻合。在人工饲养条件下，我们观察到小龙虾一年能多批产卵。

四、卵巢的发育分期

小龙虾精巢的发育在外形上很难辨别，通常以卵巢为主，魏青山（1985）根据卵巢的外部形态、颜色和卵径的大小将卵巢发育分为 5 期：I 未发育期，II 发育早期，III 发育期，IV 成熟期，V 枯竭期。我们根据卵巢颜色的变化，外观特征，性腺成熟系数（GSI）和组织学特征，参照李胜等人用过的分期法，把小龙虾的卵巢发育分成 7 个时期：未发育期，发育早期，卵黄发生前期，卵黄发生期，成熟期，产卵后期和恢复期（表 2 - 3）。

表 2 - 3　小龙虾卵巢发育分期

卵巢发育时期	卵巢外观
1. 未发育期	白色透明，不见卵粒
2. 发育早期	白色半透明的细小卵粒
3. 卵黄发生前期	均匀的淡黄色至黄色卵粒，卵径为 10 ~ 300 微米
4. 卵黄发生期	
a. 初级卵黄发生期	黄色至深黄色卵粒，卵径为 250 ~ 500 微米
b. 次级卵黄发生期	黄褐色至深褐色卵粒，卵径为 0.45 ~ 1.6 毫米
5. 成熟期	深褐色卵粒，卵径 1.5 毫米以上
6. 产卵后期	
a. 抱卵虾期	产卵后卵巢内残存有粉红至黄褐色卵粒
b. 抱仔虾期	白色透明，不见卵粒
7. 恢复期	白色半透明的细小卵粒

五、交配与产卵

1. 交配

小龙虾产卵前的交配为硬壳交配（彩图 9），也就是说小龙虾没有生殖蜕壳，通常交配 1 次即可产卵，每次交配的时间不同，短则十几分钟，长则数小时。交配时，雄虾用其螯足夹住雌虾螯足，把雌虾翻倒仰面朝上，并用步足把雌虾紧紧抱住，腹面相对，进行交配。雌虾与雄虾完成交配之后，隐身于水草中或洞穴中生活，交配一周后开始产卵，也可能数月后产卵，为一次性产卵。

2. 产卵

小龙虾产卵大多在洞穴中进行，产卵时虾体弯曲，游泳足伸向前方，不停地扇动，以接住产出的卵粒，使其黏附在游泳足的刚毛上，卵子随虾体的伸屈逐渐产出。产卵结束后，再产出黑色胶汁，将受精卵全部粘在附肢上，尾扇弯曲至腹下，并展开游泳足包被，以防卵粒散失。整个产卵过程 10 ~ 30 分钟。小龙虾的卵为圆球形，晶莹光亮，通过一个柄（暂称卵柄）与游泳足相连。刚产出的卵呈橘红色，直径为1.5 ~ 2.5 毫米，随着胚胎发育，受精卵逐渐呈棕褐色，未受精的卵逐渐变为混浊白色，脱离虾体死亡。卵粒多少与亲虾个体大小及性腺发育有关。小龙虾一般每次产卵 200 ~ 700 粒，但也发现有最多抱 1 000 粒卵以上的母虾（彩图 10）。

六、孵化

小龙虾的胚胎发育时间较长，水温为 18 ~ 20℃，需 25 ~ 30 天，如果水温过低，受精卵呈休眠状态，休眠期可达几个月。受精卵在整个孵化过程中，亲虾的游泳足会不停地摆动，形成水流，保证受精卵孵化对溶氧的需求，同时利用第二、第三步足及时剔除未受精及病变、坏死的受精卵，保证孵化的顺利进行。刚孵出的幼虾即似成虾，但体色较淡，呈淡黄绿色，尾扇未打开，经过三次蜕壳方把尾扇打开。小龙虾亲虾有护幼习性，稚虾脱膜后不会立即离开母体，仍然附着在母体的游泳足上（彩图 11），直到能完全独立生活才离开母体。刚离开母体的稚虾通常不会远离母虾，在母虾的周围活动，一旦受到惊吓会立即重新附集到母体的游泳足上，躲避危险。小龙虾雌虾的这种抱卵、护幼习性，使得孵化成功率一般都在90%以上，加之活力较强，因此能大量地繁殖。

七、幼体的发育

小龙虾的全部体节在卵内发育时已经形成，孵化后不再新增体节，幼体孵化时，具备了终末体形，与成体无多大区别，仅缺少一些附肢而已。刚出膜的幼体为末期幼体（postlarva）（堵南山，1987），也称为第一龄幼体（first instar），以后每蜕一次壳为一个龄期。第一次蜕壳后的幼体称第二龄幼体（second instar），第二次蜕壳后的幼体称为第三龄幼体（third instar），以此类推。小龙虾从幼体到成体共需蜕壳 11 次（Huner，1984）。参照郭晓鸣等（1997）对小龙虾幼体发育的初步研究，将 1 ~ 3 龄幼体发育的形态特征列于表2－4，除第一龄外，各龄幼体仅描述与前一龄在形态基础上的变化。

淡水小龙虾高效生态养殖新技术

表2-4　第一龄至第三龄幼体发育的形态特征

部位	阶段		
	第一龄幼体	第二龄幼体	第三龄幼体
额剑 （rostrum）	短小，向下弯曲，位于两眼之间，无刺和毛	增大，两侧内缘隆起形成脊，末端具1角刺，两侧内缘具数根羽状刚毛	继续增大并伸直，脊两侧着生刺毛，羽状刚毛减少为每侧3根
第一触角 （antennule）	1对，双肢型。原肢4节。内肢3节；外肢4节	内、外肢各6节，具数根羽状刚毛和刺	内肢12节，外肢14节，刚毛继续增多
第二触角 （antenna）	1对，双肢型。原肢2节，内肢鞭状，约32节；外肢扁平，内缘及末端具刺毛列	内肢增长约40多节，外肢内缘及末端已发展成羽状刚毛列	内肢增长约80多节
大颚 （mandible）	1对，单肢型。门齿6个，臼齿3个，但未长出。内肢3节，棒状，第3节向内弯曲，末端具刺20枚，无外肢	门齿、臼齿已长出，臼齿4个	门齿明显增厚变硬，有门齿7~8个，臼齿5个
第一小颚 （maxillula）	1对，单肢型。原肢片状，具内外两片。内片长方形，较外片大，末端及两侧具刺；外片末端钝圆，两侧具刺。内肢短小，不分节，无刺毛，无外肢	原肢内片外级具3根羽状刚毛，内肢末端具一向内的长刺，基部具3根羽状刚毛	羽状刚毛和刺毛增加
第二小颚 （maxillae）	1对，双肢型。原肢内侧形成4个片状突起，末端各具数枚刺。内肢细小，不分节，无刺毛；外肢为一宽大片状突起，成为颚舟片（scaphognathite），具羽状刚毛刺	内肢具数根羽状刚毛	刚毛和刺毛增多

部位	阶段		
	第一龄幼体	第二龄幼体	第三龄幼体
第一颚足 (first maxilliped)	1对，双肢型。原肢片状，具1羽状刚毛和4枚小刺。内肢细小，不分节，无刺毛；外肢粗大，分8节，第1节宽大，呈片状，两侧缘着生羽状刚毛，后7节鞭状，每节具5枚小刺	刚毛增加	刚毛继续增加
第二颚足 (second maxilliped)	1对，双肢型。内肢3节，第3节向内弯曲，末端具10余枚小刺；外肢鞭状，不分节，具数小刺	内肢4节，刚毛和刺毛增加	外肢16节，刚毛和刺毛继续增加
第三颚足 (third maxilliped)	1对，双肢型。内肢粗大，分5节，具数枚小刺；外肢结构与第一颚足相似	刺毛与刚毛增加	外肢16节，刺毛与刚毛继续增加
第一至第三胸足 (first—third pereiopoda)	各1对，单肢型，外肢退化。内肢7节，第七节分化不明显，第六和第七节呈钳状，内缘具数枚小刺	内肢7节明显，各节增加数根刺毛和细毛	各节刺毛和细毛继续增加
第四至第五胸足 (forth—fifth pereiopoda)	各1对，单肢型，外肢退化。内肢7节，第七节呈爪状，内缘具数枚小刺	刺毛和细毛增加	刺毛和细毛继续增加
腹足 (pleopoda)	第一腹足未出现。双肢型。内、外肢均不分节，末端具数枚小刺	各腹足末端具数根羽状刚毛	第一腹足出现，双肢型，外肢2节，内、外肢无毛和刺；其他腹足原肢分化明显

第二章　小龙虾主要生物学特征

续表

部位	阶段		
	第一龄幼体	第二龄幼体	第三龄幼体
尾足 （uropod）	未出现	出现，与尾节共同形成尾扇（tail fan），末端具1列小刺。中央稍凹	尾节分离，边缘具羽状刚毛列

第一龄幼体全长约 4.6 毫米，头胸甲膨大，占体全长的 1/2 以上，含丰富的卵黄。复眼一对，无眼柄，不能自由活动。尾节末端有一细丝连接着刚脱出的卵膜。无第一对腹足和尾足。

第二龄幼体全长约 6.7 毫米，外形基本如成体，头胸甲已不很膨大，但仍有卵黄。复眼具眼柄，能自由活动。尾节末端细丝消失，尾足出现，与尾节共同形成尾扇。能爬行和游泳，并开始摄食。

第三龄幼体全长约 9.2 毫米，外形如成体，头胸甲正常，卵黄消失。第一对腹足出现，至此身体各部分附肢已全部发育齐全，幼体离开母体自由活动，但仍常回到母体腹部。

八、小龙虾的生活史图解

小龙虾出膜后的蚤状幼体，悬挂于母体腹部附肢，蜕壳变态后成仔虾，仔虾在母虾的保护下生长，当仔虾蜕 3 次壳后，长到 1 厘米以上时，幼虾离开母虾营独立生活，独立生活的幼虾经多次蜕壳生长（约蜕 11 次壳），达到性成熟成为亲虾，雌雄亲虾交配繁衍后代（图 2-2）。

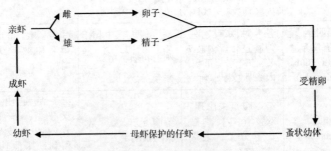

图 2-2　小龙虾生活史

九、蜕壳与生长

1. 蜕壳

蜕壳是甲壳动物生长的印记。小龙虾个体增长在外形上并不连续，通过蜕壳实现生长。蜕壳的整个过程包括蜕去旧甲壳，个体由于吸水迅速增大，然后新甲壳形成，12~24小时后硬化（彩图12和彩图13）。小龙虾蜕壳时有再生的功能，修复损伤的附肢和躯体。

甲壳动物每蜕一次壳就会长大一点，蜕壳也可以用来记录甲壳动物的年龄，因此蜕壳与小龙虾的个体发育有密切关系。蜕壳受水温和营养的影响，生长于水质优良、饵料充足、营养丰富水体中的小龙虾蜕壳次数较多，蜕壳周期较短；反之，蜕壳的次数减少，蜕壳周期延长。一年四季都可见到小龙虾蜕壳，但蜕壳的数量在各月份的分布不均匀。雄虾蜕壳高峰在3—6月份，以5月份最高，约占85%；雌虾蜕壳高峰也在3—6月份，以6月份最高，约占74%。其余各月雌、雄虾蜕壳数量约在30%以下，12月份数量最少。由此可见，春季及其以后的一段时间是小龙虾的主要生长季节。在人工养殖过程中，要抓住小龙虾的生长旺季，增加高营养饲料的投喂量，加强水质的管理，缩短蜕壳周期，增加蜕壳的次数，加快小龙虾的生长速度。

2. 生长

小龙虾生长总体趋势是：从孵化至体重20克这一阶段，生长速度逐渐加快；达到50~100克的阶段，其生长速率保持在相对稳定的水平；超过这个阶段，生长速率便呈下降的趋势。因而形成一个倒"U"字形的生长曲线。

小龙虾生长速度较快，一般春季繁殖的虾苗，经2~3个月的饲养，其规格就可以达到6厘米以上，即可捕捞上市，通常在7—8月份开始捕捞。而秋季繁殖的幼虾，经过越冬后，至第二年的6—7月份，其规格可达8厘米以上，长得比较丰满，壳硬肉厚。

小龙虾在6厘米以前，雌雄虾的体重增长都较缓慢，两者之间的生长速度没有显著的差异；6 厘米以后，体重增长加快，并且雄虾的生长速度逐渐快于雌虾。雄虾的捕获规格以体长 6.0 ~ 6.5 厘米为宜，即全长 8.0 ~ 8.5 厘米、体重 15 ~ 20 克；雌虾的捕获也以体长 6.0 ~ 6.5 厘米为宜，即全长 8.0 ~ 8.5 厘米、体重 15 ~ 18 克（表 2 - 5）。

表 2 - 5　小龙虾不同体长组对应的各项形态指标

	体长组/厘米	样本/尾	个体出现率/%	平均体长/厘米	平均全长/厘米	平均体重/克	头胸甲长/厘米	相对增重率/%
雄虾	1.75 ~ 2.25	2	0.77	1.85	2.50	0.30	1.23	
	2.25 ~ 2.75	2	0.77	2.42	3.26	0.66	1.58	124.36
	2.75 ~ 3.25	1	0.39	3.30	4.30	1.58	2.10	138.72
	3.25 ~ 3.75	1	0.39	3.50	4.60	2.29	2.40	44.94
	3.75 ~ 4.25	6	2.32	4.10	5.47	3.45	2.72	50.58
	4.25 ~ 4.75	3	1.16	4.58	6.07	5.22	3.05	51.47
	4.75 ~ 5.25	13	5.02	5.00	6.75	7.46	3.37	42.78
	5.25 ~ 5.75	31	11.97	5.52	7.33	10.49	3.65	40.68
	5.75 ~ 6.25	50	19.31	6.00	7.99	14.72	3.90	40.34
	6.25 ~ 6.75	50	19.31	6.53	8.64	19.45	4.34	32.09
	6.75 ~ 7.25	26	10.04	7.0	9.29	23.41	4.67	20.36
	7.25 ~ 7.75	37	14.29	7.46	9.76	28.87	4.85	23.32
	7.75 ~ 8.25	22	8.49	7.98	10.32	34.04	5.31	17.91
	8.25 ~ 8.75	12	4.63	8.53	11.18	40.36	5.72	18.57
	8.75 ~ 9.25	3	1.16	8.95	11.68	59.99	6.05	48.65
雌虾	1.75 ~ 2.25	5	1.49	2.04	2.78	0.47	1.37	
	2.25 ~ 2.75	3	0.90	2.42	3.30	0.72	1.63	53.90
	2.75 ~ 3.25	1	0.30	3.00	4.10	1.35	2.00	86.64
	3.25 ~ 3.75	2	0.60	3.12	4.67	3.17	2.24	60.90
	3.75 ~ 4.25	4	1.19	3.99	5.35	3.42	2.60	57.21
	4.25 ~ 4.75	6	1.79	4.46	5.97	4.63	2.90	35.48
	4.75 ~ 5.25	8	2.39	5.03	6.73	8.25	3.33	78.37
	5.25 ~ 5.75	29	8.66	5.48	7.32	12.64	3.62	53.20

	体长组/厘米	样本/尾	个体出现率/%	平均体长/厘米	平均全长/厘米	平均体重/克	头胸甲长/厘米	相对增重率/%
雌虾	5.75~6.25	49	14.63	6.10	8.13	15.50	4.0	23.20
	6.25~6.75	61	18.21	6.50	8.65	18.18	4.29	16.74
	6.75~7.25	47	14.03	6.90	9.26	23.13	4.63	27.20
	7.25~7.75	39	11.64	7.52	9.92	27.10	5.0	17.18
	7.75~8.25	42	12.54	8.00	10.54	30.93	5.30	14.14
	8.25~8.75	22	6.75	8.48	11.17	37.53	5.68	21.31
	8.75~9.25	11	3.28	8.97	11.71	45.13	5.96	20.27
	9.25~9.75	4	1.19	9.50	12.53	54.06	6.34	19.78
	9.75~10.25	1	0.30	9.90	12.90	71.61	6.80	31.43
	10.25~10.75	1	0.30	10.60	14.40	80.32	7.30	13.05

（仿李浪平，2006）

我们通过观察与测量多尾不同生活时期小龙虾的体重、体长，根据体长与体重的关系，建立了小龙虾的生长模型。其中体长（L）、体重（W）的关系为：雌体 $W = 0.019\,9L \times 3.244\,2$，雄体 $W = 0.015\,5L \times 3.406\,5$，而小龙虾的生长可以用 Von Beralanffy 生长方程描述，证明是符合生长模型的，并推算出一些有意义的生态学参数。雌虾性成熟年龄为 0.8 年，生长速度最大的年龄为 3 龄，生态寿命为 5.3 年；雄虾性成熟年龄为 0.7 年，生长速度最大的年龄为 2.5 龄，生态寿命为 4.3 年。但在自然水域中我们很难找到超过三冬龄以上的小龙虾，这主要是因为生态年龄与实际年龄存在一定差距。同时，人类捕捞、水环境改变、气候变化、其他生物捕食以及病害发生等，都是导致小龙虾难达到生态年龄的因素。

第二章 小龙虾主要生物学特征

第三章 小龙虾苗种生产技术

内容提要：苗种繁殖池要求；亲虾培育；苗种繁殖技术；幼虾的培育技术。

水产品养殖，大都具有亲本繁殖、苗种培育、成品养殖等较为完整的产业链。只有各环节专业化、规模化生产，整个产业才能持续、健康发展。其中，苗种的生产与供应更是支撑养殖产业发展重要而必不可少的环节，小龙虾也不例外。因此，我们应该充分认识小龙虾苗种生产与供应对小龙虾养殖产业发展的重要性，积极开发小龙虾苗种的生产技术，建立可靠的小龙虾苗种供应体系。

目前，小龙虾苗种生产尚未受到养殖户普遍重视，这是因为小龙虾具有特殊的繁殖习性。它可以在洞中产卵、孵化，也可以在任何养殖设施中繁育后代，并且具有短暂的护幼习性，个体繁殖成活率较高。所以江河湖泊、坑塘沟渠，都可以见到小龙虾的踪影，给人们留下了小龙虾繁殖能力较强的印象。也正因为这样，目前养殖户除首次养殖外购苗种外，主要依靠养殖在塘小龙虾自繁自育，解决苗种供应问题。这种苗种生产方法，由于小龙虾繁殖活动的时间和空间分散度高，繁殖后代规格不齐、收集难度大，数量难以掌握。生产上，即使在小龙虾苗种出现的旺季，部分养殖户也会因为小龙虾繁殖数量不足，无苗可养；而另一些养殖户在塘苗种数量过多，捕不出，卖不了。这种状况导致了小龙虾养殖生产的计划性较差，养殖效益不稳定。由于对小龙虾繁殖能力强的这种错误认识，导致了养殖户对小龙虾苗种生产重视不够，小龙虾苗种生产、供应缺乏体系。

因此，小龙虾苗种生产不是简单的繁殖问题，而是要针对小龙虾特殊的繁殖习性，采取针对性措施，实现苗种生产规模化的问题。因为只有苗种生产实现了有计划、大批量，小龙虾成虾养殖才能做到有计划、规模化。小龙虾苗种生产具有以下意义。

（1）**提高虾苗放养成活率**　目前，养殖户采购的小龙虾苗种主要有两个来源，一是其他养殖户依靠在塘成虾自繁自育；二是捕捞户捕抓的野生虾苗。这两个渠道的小龙虾苗种非常零散，经多个环节倒运，苗种损伤严重，放养成活率很低，一般都低于50%。苗种生产规模化后，捕捞、运输更专业，倒运的环节减少，成活率自然大幅度提高。

（2）**苗种规格整齐**　规模化生产必然要求专门的繁育条件、优越的环境条件，这样可以提高亲虾性腺发育的同步性，促进小龙虾苗种生产工作的批量化，生产出的苗种规格相对整齐。在成虾养殖过程中，整齐的苗种可以减少个体间的相互残杀，使养殖产量和效益更有保证。

（3）**可与稻虾轮作及鱼种、龙虾轮养等养殖模式配套**　水稻栽插和鱼种培育都在每年的 6 月上旬，第一年 11 月份到第二年的 6 月份之间，稻田和池塘都可以有针对性地开展小龙虾苗种生产，做到水稻、鱼种和小龙虾生产两不误、双丰收。

（4）**有利于养殖计划和销售计划的制订**　依靠小龙虾自繁自育的传统养殖模式，小龙虾苗种密度难以把握。养殖密度低则产量低，养殖密度过高则养成的商品虾规格偏小。由于虾苗数量不易把握，因此在饲料投喂和产品的销售上也难以制订出准确的生产计划，销售工作更是无从把握。

（5）**养殖生态环境容易控制**　苗种的规模化生产为成虾池塘有计划放养提供了可能。人为控制放苗时间和数量可以为水草提供较长的生长时间，控制小龙虾对水草的损害。因此，池中水草丰盛，养殖环境优越，小龙虾生产成本降低，养殖成活率和产量都有了保障。传统养殖池塘中，几代小龙虾同池，池中水草嫩芽经常被大量摄食，水草生长不良导致养殖生产投入更多的饲料，养殖成本增加。水草少也会导致生态环境容易恶化，小龙虾个体间自相残杀率高，管理难度大，养殖产量难以提高。

同样是虾类养殖产业，小龙虾养殖产业的发展也应该突破苗种规模化生产这个瓶颈。罗氏沼虾、南美白对虾苗种已经实现了工厂化大规模生产，青虾苗种可以在土池条件下实现规模化供应。小龙虾的繁殖习性特殊，抱卵量小，又有打洞、护幼的习性，要想实现小龙虾苗种的规模化生产必须依靠大量小龙虾亲本和适宜的繁殖条件。因此，无论是工厂化设施，还是普通池塘，都应针对小龙虾繁殖习性，设计建造适合于开展小龙虾苗种规模化生产的设施，采取有针对性的繁育措施，才能实现小龙虾苗种的规模化生产与供应。

笔者综合各地科技工作者和养殖户对小龙虾苗种规模化生产的研究成果，结合本地区小龙虾苗种规模化生产经验，总结形成了小龙虾苗种规模化生产技术，现介绍如下。

第一节　苗种繁殖池要求

一、场址选择

小龙虾繁殖池地点选择应视繁殖池用途而定。专业化的小龙虾繁育场，要求交通便利，水源洁净、丰富，土质为壤土或黏土，繁殖场与养成集中区相互分离，具有独立的进、排水系统。养殖户为成虾养殖池设立的配套繁育池，应该建设在养殖区靠近居住地处，可以是在养殖池一角围成小池塘，面积约占养殖池面积的1/10，也可以和成虾养殖池分列，面积也应达到成虾养殖池的1/10。繁育池和养成池一样，必须建设防逃板。

二、池塘准备

小龙虾苗种池塘宜小不宜大，面积一般为 2~5 亩，水深为

0.8～1.2米。集中连片的小龙虾繁殖池进、排水道应分别设置，池中淤泥厚度不大于15厘米，池底平坦，池埂坡比不小于1∶1.5。为了使池塘具有更好的小龙虾苗种生产能力，池塘可以做以下改造。

1. 增加亲虾栖息面

自然界中，小龙虾繁殖活动大多在洞穴中完成，而洞穴主要分布于池塘水位线上30厘米以内。因此，增加池塘圩埂长度，可以提高小龙虾亲虾放养数量，从而增加普通池塘的苗种生产能力。方法是在池塘长边上，每隔20米沿池塘短边方向筑土埂一条。新筑土埂比池塘短边短3～5米，土埂高为正常水线上40厘米，

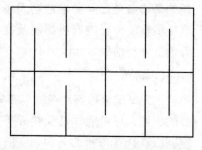

图3-1　小龙虾苗种繁育池平面图

土埂顶宽为2～3米，土埂两边坡度不小于1∶1.5。同一池塘的相邻短埂应分别设置在两条长边上，保证进水时水流呈"S"形流动。相邻池塘的短埂尽可能相连，便于后期的饲养管理（图3-1和彩图14）。

2. 铺设微孔增氧设施

池塘微孔增氧技术是近几年来围绕"底充式增氧"开发出的一项新技术，其原理是通过铺设在池塘底部的管道或纳米曝气管上的微孔，以空气压缩机为动力，将洁净空气与养殖水体充分混合，达到对养殖水体增氧的目的。这种增氧方式，改变了传统的增氧方式，变一点增氧为全面增氧，改上层增氧为底层增氧，对养殖对象扰动小，更好地改善了池塘养殖环境尤其是底环境的溶氧水平，优化了池塘生态环境。小龙虾苗种繁育池塘塘小、草多、水浅，不适合传统水面增氧机使用，同时由于虾苗密度普遍较高，因此虾苗专门繁育池塘铺设微孔增氧设施作用更大。

池塘底部微孔增氧设备主要由增氧机（空气压缩机）、主送气管道、分送气管和曝氧管组成。管道的具体分布视池塘布局和计划繁苗密度等具体情况而定。繁育池如采取了增加土埂的改造，曝气管宜采用长条式设置。未作改造或池塘较大，曝气管可采用

"非"字形设置或采用圆形纳米增氧盘以增加供氧效果（彩图15）。

三、池塘生态环境的营造

小龙虾苗种的规模化生产和其他水产苗种生产一样，也需要优越的环境条件，除要求池塘大小、深浅适宜外，还要求有丰富的水生植物、大量的有机碎屑及良好的微生态环境。为此，亲虾放养前，繁育池应做好以下工作。

1. 清塘

小龙虾的繁殖盛期在每年的9—11月份，为了不影响小龙虾亲虾的产卵，尽可能保证受精卵冬前孵化出苗，小龙虾繁育池清塘时间应选择在每年的8月初。清塘时先将池水排干，曝晒1周以上，再用生石灰、二氧化氯等消毒剂全池泼洒消毒，彻底杀灭小杂鱼、寄生虫等敌害生物，7～10天后加水20～30厘米，进水时用60目筛绢网过滤，确保进水时不混入野杂鱼及其鱼卵。为保证繁殖池原有小龙虾也被清除干净，降水清塘前，可先将池水加至正常水位线以上30厘米，再用速灭杀丁等菊酯类药物将池中和洞中原有小龙虾杀灭，再用上述方法清塘，清塘效果更好，需要注意的是菊酯类药物使用后，药效持续时间较长，一般需1个月才能完全降解。因此，必须使用时，应在上述降水时间前20天进行。

2. 栽草

水草既是小龙虾的主要饵料来源，也是其隐蔽、栖息的重要场所，还是保持虾池优越生态环境的主要生产者。若虾苗繁育池单位水体的计划繁苗量较大，更需要高度重视水草的移栽。适宜移栽的沉水植物有伊乐藻、轮叶黑藻、苦草；漂浮植物有水花生、水葫芦等。其中，伊乐藻应用效果最好。伊乐藻原产美洲，与黑藻、苦草同属水鳖科沉水植物，20世纪80年代经中国科学院南京地理与湖泊研究所从日本引进。该品种营养丰富，干物质含量为8.23%，粗蛋白为2.1%，粗脂肪为0.19%，无氮浸出物为2.53%，粗灰分为1.52%，粗纤维为1.9%。其茎叶和根须中富含维生素C、维生素E和维生素B_{12}等，还含有丰富的钙、磷和多种微量元素，其中钙的含量尤为突出。伊乐藻具有鲜、嫩、脆的特点，是小龙虾优良的天然饵料，移栽伊乐藻的虾塘，可节约精饲料 30% 左右。此外，伊乐藻不仅可以靠光合作用释放大量的氧气，还可大量吸收水中氨态氮、二氧化碳等有害物质，对稳定 pH 值，增加水体透明度，促进蜕壳，提高饲料利用率，改善品质等都有着重要意义。

伊乐藻适应力极强。只要水上无冰即可栽培，气温在 5℃ 以上即可生长，在寒冷的冬季也能以营养体越冬。因此，该草最适宜小龙虾繁殖池移栽。在池塘消毒、进水后，将截成 15 ~ 30 厘米长的伊乐藻营养体，5 ~ 8 株为一簇，按每平方米 2 ~ 3 簇的密度栽插于池塘中，横竖成行，保证水草完全长成后，池水仍有一定的流动性。池塘淤泥少或刚开挖的池塘，栽插每簇伊乐藻时先预埋有机肥 200 ~ 400 克，其生长效果将更好。伊乐藻移栽的时间最好不晚于 10 月上旬（彩图 16 和彩图 17）。

如果没有伊乐藻，也可选用轮叶黑藻。每年 12 月份到翌年 3 月份是轮叶黑藻芽苞播种期，应选择晴天播种，播种前池水加注新水 10 厘米，每亩用种 500 ~ 1 000 克，播种时应按行、株距 50 厘米将芽苞 3 ~ 5 粒插入泥中，或者拌泥土撒播。当水温升至 15℃ 时，5 ~ 10 天即可发芽，出苗率可达 95%。

此外，水花生、水葫芦等可以作为沉水植物不足时的替代水草。但它们不耐严寒，江苏、安徽以北地区的水葫芦冬季要采用塑料大棚保温才能顺利越冬。水葫芦诱捕虾苗的作用较大，应提前做好保种准备。

总之，移栽水草使水草覆盖面达到整个水面的 2/3 左右，是营造小龙虾苗种繁育池良好生态环境的关键措施，也是小龙虾苗种繁育成功的重要保障。

3. 施肥

小龙虾受精卵孵化出膜后经两次蜕皮后即具备小龙虾成虾的体型和生活能力，可以离开母体独立生活。因此，小龙虾繁育池在苗种孵化出来后应准备好充足的适口饵料。自然界中，小龙虾苗种阶段的适口饵料主要有枝角类、桡足类等浮游动物，水蚯蚓等小型环节动物以及水生植物的嫩茎叶、有机碎屑等，其中有机碎屑是小龙虾苗种生长阶段主要食物来源。因此，应该高度重视小龙虾繁育池施肥工作。

小龙虾繁育池采用的肥料主要是各种有机肥，其中规模化畜禽养殖场的下脚料最好，这类粪肥施入水体后，除可以培育大量的浮游动物、水蚯蚓外，未被养殖动物消化吸收的配合饲料可以直接被小龙虾苗种摄食利用，进一步提高了饲料的利用效率。

小龙虾繁育池施肥方法有两种，一种是将腐熟的有机肥分散浅埋于水草根部，促进水草生长的同时培育水质；另一种是将肥料分散堆放于池塘四周，通过肥水促进水草生长。后一种施肥方法要防止水质过肥，造成水体透明度太低而影响水草的光合作用，导致水草死亡。肥料使用量为 300～500 千克/亩。将陆生饲料草、水花生等打成草浆全池泼洒，可以部分代替肥料，更大的作用是增加小龙虾繁育池中有机碎屑的含量，可以大大提高小龙虾苗种的培育成活率。

4. 微生态制剂使用

小龙虾繁育池使用的有机肥及虾苗孵化出来后投喂的未被食用饲料很容易造成池塘水质的恶化，定期使用微生态制剂可以避免虾苗池水质的恶化。小龙虾繁育池常用的微生态制剂是光合细菌。使用光合细菌的适宜水温为 15～40℃，最适水温为 28～36℃，因而宜掌握在水温 20℃以上时使用，阴雨天光合作用弱不要使用。使用时应注意如下情况。

（1）**根据水质肥瘦情况使用**　水肥时施用光合细菌可促进有机污染物的转化，避免有害物质积累，改善水体环境和培育天然饵料，保证水体溶氧；水瘦时应先施肥以满足小龙虾苗种对天然饵料的需求，再使用光合细菌防止水质恶化。此外，酸性水体不利于光合细菌的生长，应先施用生石灰，调节 pH 值后再使用光合细菌。

（2）**酌量使用**　光合细菌在水温达 20℃以上时使用，调节水质的效果明显。使用时，先将光合细菌按 5～10 克/米^3 量拌肥泥均匀撒于虾池，以后每隔 20 天用 2～10 克/米^3 光合细菌兑水全池泼洒；也可以将光合细菌按饲料投喂量的 1% 拌入饲料直接投喂；疾病防治时，可连续定期使用，用水剂量为 5 ~ 10 毫升/米³，兑水全池泼洒。

（3）避免与消毒杀菌剂混施 光合细菌制剂是活体细菌，任何杀菌药物对它都有杀灭作用。因此，使用光合细菌的池塘不可使用任何消毒杀菌剂，必须使用水体消毒剂时，须在消毒剂使用 1 周后再使用光合细菌。

第二节　亲虾培育

一、亲虾选择

1. 亲虾标准

用于人工繁育的亲虾应是性腺发育好、成熟度高的当年虾，因为这种虾生命力旺盛，每克体重平均产卵量高，繁殖力相对强，成熟的亲虾应具备以下标准。

（1）个体大 雌虾体重应在 35 克以上，雄性个体体重在 40 克以上；

（2）颜色深 成熟的亲虾颜色暗红或黑红色，体表无附着物，色泽鲜亮；

（3）附肢完整 用于繁殖的亲虾都要求附肢齐全、无损伤，体格健壮，活动敏捷。

2. 亲虾来源

繁殖用的小龙虾以本场专池培育为佳。采购亲虾应就地就近，避免长途运输。为防止近亲繁殖，应有意识地将不同水域培育的雌雄虾配对，放入同一池塘繁育小龙虾苗种。

3. 雌雄配比

小龙虾发育成熟后即可交配繁殖，交配行为与环境变化有很大关联性，新环境中雌雄交配频率较高，一尾雌虾可与多尾雄虾交配，一尾雄虾也可与多尾雄虾交配。交配时两虾腹部紧贴，雄虾将乳白色透明精荚射出，精荚附着于雌虾第四对步足和第五对步足之间的纳精囊中，雌虾产卵时卵子通过纳精囊时受精。因此，繁殖用的小龙虾亲虾中，雄虾数量可以适当减少，一般雌雄比例为（3~4）:1。如果在9月下旬至10月上旬才投放成熟小龙虾亲虾繁育苗种，可以将雄虾放养比例进一步降低，甚至可以不放雄虾，雌虾产卵和卵子受精率几乎无影响。

二、亲虾运输与放养

小龙虾血液即是体液，呈无色透明，由血浆、血细胞组成，血液中的血蓝素含有铜元素，小龙虾血液与氧气结合后呈现蓝色。小龙虾血液的特殊性和其相对坚硬的甲壳，使小龙虾受伤后外表症状不明显。因此，目前大部分养殖户不重视小龙虾的运输和放养，结果造成小龙虾运输后放养成活率较低，小龙虾亲虾甲壳虽然比苗种更坚硬，但由于承担繁殖使命需要更强的体力，必须重视亲虾的运输与放养技术。

1. 运输

小龙虾亲虾的运输一般采取干法运输，即将挑选好的小龙虾亲虾放入特制的虾篓中离水运输。小龙虾亲虾的选择一般在每年的8—9月份，此时气温、水温都较高，运送亲虾应选择凉爽天气清晨进行，从捕捞开始到亲虾放养的整个过程都应该轻拿轻放，避免相互碰撞和挤压。运输工具以方形的专用虾篓为好，虾篓底部铺垫水草（图3-2）。亲虾最好单层摆放，多层放置的高度不超过15厘米，以免压伤。运输途中保持车厢内空气湿润，尽量缩短离水时间，快装快运。

图3-2　食品箱运输小龙虾

2. 放养

亲虾运送至繁育池塘或育苗厂房后，先将虾篓连同亲虾放入繁

淡水小龙虾高效生态养殖新技术

育池水体中反复浸泡2~3次，每次进水1分钟，出水搁置3~5分钟，保证亲虾完全适应繁育池的水质、水温；然后再将小龙虾亲虾放入浓度为3%的食盐水溶液中浸泡3~5分钟，以收敛伤口和杀灭有害病菌和寄生虫。亲虾放养密度视繁育条件而定，土池一般放养2~5只/米²，工厂化设施一般放养10~30只/米²为宜。

三、亲虾强化培育

繁殖季节，小龙虾亲虾摄食量明显减少，小龙虾的繁殖行为由于人为干预，应激反应较大，体能消耗严重，造成工厂化或网箱繁育的亲虾死亡率较高。因此，繁殖之前的亲虾培育至关重要。构建适宜的小龙虾繁育环境，适当投饵是提高亲虾放养成活率，促进亲虾顺利交配、产卵和受精卵孵化的关键。

1. 繁育环境的优化

小龙虾特殊的栖息习性决定了小龙虾集中捕捞难度较大，其掘洞繁殖特性，又造成人为频繁干扰，最终导致繁殖阶段的小龙虾亲虾大量死亡。因此，在人工繁育小龙虾苗种时，当发育成熟的小龙虾亲虾被挑选出来后，应尽可能减少中间环节，尽快直接放入充分准备好的繁育池塘或工厂化繁育设施。这就要求繁育环境特别优越，池塘繁育环境的优化前面已有叙述。工厂化繁育环境因配套能力的不同，优化方法差异较大，但都要求有光照、水质、水温、溶氧调节控制能力，尽可能提供满足小龙虾亲虾需要的繁育环境。无论是什么繁育设施，优越的小龙虾繁育环境应具有如下标准：光照强度在300~800勒克斯，溶解氧不低于5毫米/升，温度控制在18~26℃，氨态氮不超过0.3毫米/升，亚硝态氮不超过0.1毫米/升。

2. 投喂

小龙虾繁殖期间摄食量虽然小，但还是要适量投饵。适宜的亲虾饵料有新鲜的螺蚌肉、剁碎的小杂鱼、水草（如伊乐藻）、豆饼、麸皮等，其中以不易腐败的螺蚌肉等动物性饵料为好。投喂量为亲虾体重的1%左右，傍晚一次性投喂。

3. 水质控制

由于小龙虾繁育池放养密度较高，亲虾死亡在所难免，加上剩饵粪便的不断积聚，繁育池水质极易恶化。因此，小龙虾繁育池的水质管理工作必须高度重视，防止水质变化的措施如下。

①通过换水或水循环设备使繁育池水流动起来，流动的水可以使繁育池整体环境更稳定；

②加强水质监测，及时开动增氧设施；

③定期使用有益微生物制剂，以人为干预的方法维持繁育池有益微生物占据优势种群。保证良好的繁育生态环境。

4. 日常管理

主要做好"三勤三防"工作，勤换水可以防止水质变坏，工厂化繁育池最好配备循环水处理设施，繁育池塘要根据水质情况每隔 5 ~ 7 天换水 10%；勤清死虾、剩饵可防止病菌传播，减少环境负担；勤巡池可以防止鼠害、逃逸事件发生，及时发现问题，便于提早采取措施。

第三节　苗种繁殖技术

小龙虾性腺发育成熟至 V 期后，卵子即从第三对步足基部的生殖孔排出，经第四、第五步足间纳精囊精子授精成为受精卵，受精卵黏附于腹部的游泳肢上，经雌亲虾精心孵化直接破膜成为和成虾体形接近的幼体，再经 2 ~ 3 次蜕壳后离开母体独立生活。小龙虾 1 年产卵 1 次，性成熟的雌、雄虾于每年的 7—8 月份大量交配，交配时间可持续十几分钟至几个小时。每年 9—10 月份雌虾产卵，最初的受精卵颜色为暗褐色，雌虾抱卵期间，第一对步足常伸入卵块之间清除杂质和坏死卵，游泳肢经常摆动以带动水流使卵获得充足的溶氧。孵化时间与水温密切相关，在溶氧量、透明度等水质因素适宜时，水温越高，孵化期越短，一般约需 2 ~ 11 周。水温超过 32℃，受精卵发育受阻。抱卵量随亲虾大小而异，个体大的抱卵多，个体小的抱卵就少，变幅为 100 ~ 1 200 粒，平均为400粒。1尾亲虾最终"抱仔"约400只。因此，小龙虾个体生产后代的数量较少，但由于雌亲虾对受精卵和刚孵化出的仔虾的精心呵护，小龙虾胚胎和仔虾可以适应不良环境，广泛分布，这也正是自然界中的小龙虾自人工繁育后，迅速扩散到我国绝大部分地区，甚至成为鱼类养殖水体的"公害"。

自然状态下小龙虾的分散繁殖行为，有助于小龙虾广泛扩散，但对规模化的成虾养殖起不到帮助作用，甚至还会因为这种分散的、无法控制的繁殖行为给养殖生产造成被动。为了实现小龙虾养殖生产的可控性和有计划，必须解决小龙虾苗种生产的规模化。

小龙虾特殊的繁殖特性决定了小龙虾苗种规模化生产技术和罗氏沼虾、青虾等其他甲壳类繁殖技术不同。充分利用小龙虾雌亲虾呵护后代的天性，人为构建适宜小龙虾雌亲虾产卵、抱卵虾生活和受精卵集中孵化的设施环境，创造优越的水质、溶氧、光照等环境条件，就可以实现小龙虾苗种的规模化人工繁育。根据小龙虾的繁殖习性，人工繁育工作分成两个阶段，一是小龙虾抱卵虾的生产，另一个是抱卵虾饲养或受精卵集中孵化。

一、抱卵虾生产

自然界中，小龙虾的产卵过程是在洞穴中完成的，但洞穴并不是小龙虾雌亲虾产卵的必备条件。试验证明，当卵巢发育到 V 期后，即使没有安静的洞穴，小龙虾雌亲虾也能正常排卵，卵子也能正常受精。因此，规模化的苗种生产中，小龙虾抱卵虾生产方式可因繁育设施的不同分为两种。

1. 洞穴产卵

利用自然界小龙虾正常的繁殖习性，在繁育池塘中人为增加适宜小龙虾打洞的池埂面积，扩大亲虾的栖息面，增加小龙虾亲虾的投放数量，实现小龙虾苗种生产的规模化。主要技术措施有以下3点。

（1）人造洞穴　在繁育池中，沿池塘长边建短埂，以木棍在正常水位线上15厘米高度向下戳洞，洞口直径5厘米，洞的深度25～30厘米，洞与洞的距离不小于30厘米。这些人工洞穴可以节省小龙虾打洞的体力消耗，尤其适合于9月下旬后放养的小龙虾亲虾。

（2）亲虾投放 我国幅员辽阔，各地气候差异很大，小龙虾的繁殖季节因气候的不同也有差异，江苏和安徽地区一般于每年的 8 月中旬开始发现小龙虾产卵。因此，亲虾投放时间可从 8 月初开始，直到 10 月中旬为止，放养密度为 1 ~ 2 尾/米²，沿人工洞穴近水处均匀放养。

（3）水位管理 水位管理有以下两种做法。

①保持水位，整个繁殖期水位保持在初始高度，小龙虾在同层洞穴中栖息并完成产卵。由于环境优越且不受干扰，抱卵虾出现的时间较集中，受精卵孵化较快，一般能在冬季前完成小龙虾的产卵和孵化过程。因此，生产的苗种个体大，规格相对整齐。

②分层降低水位，亲虾按计划放入池塘后，成熟度较好的亲虾首先在正常水位线上打洞产卵，降低水位至正常水位线下 40 厘米左右，保持水位至气温下降到 15℃时。此时，后成熟的小龙虾再次打洞产卵。随着气温的降低，进一步缓慢降低水位，直至基本排干（低凹处存水），逐步恶化的环境迫使小龙虾打洞穴居全部进入冬眠。越冬期间保持池底低凹处有积水，池坡虾洞集中区域用稻草等进行保温覆盖。翌年开春水温上升至 12℃后，逐步进水至所有虾洞以上，迫使亲虾出洞。出洞的雌亲虾或带受精卵或携带仔虾，完成了小龙虾的苗种生产。这种水位控制方法致使抱卵虾出现的时间跨度较长，生产苗种的时间较晚，规格小而不齐，但苗种生产量较高，也有人为控制出苗时间的作用。

2. 非洞穴产卵

繁殖季节打洞并于洞中产卵，虽是小龙虾自然的繁殖习性，但水泥池或网箱等无法打洞时，成熟的雌虾也能顺利产卵，后者更利于抱卵虾的收集。因此，人工繁殖时将成熟的小龙虾亲虾放入水泥池、网箱等便于收集抱卵虾的设施中，辅以优良的水质、溶氧、光照等饲养条件，可以规模化生产小龙虾抱卵虾（彩图 18），这种抱卵虾生产方式的主要技术措施如下。

（1）生产装置 有三类设施可以用于小龙虾抱卵虾的生产。

①各种处于空闲季节的鱼类、虾类苗种繁殖设施，如产卵池、

孵化池或苗种培育池等。这些设施一般有较完善的进、排水管道，加水 30 厘米左右，投入水花生等附着物后即可以作为小龙虾抱卵虾的生产池；

②架设在池塘中的网箱，投放水花生等附着物后可以作为成熟小龙虾产卵场；

③专门设计建造的小龙虾产卵装置，这种产卵装置配备了微孔增氧和循环水处理设施，池中布置网箱若干，网箱内设置茶树枝、竹枝、水花生等附着物，池上有塑料薄膜和遮阳网覆盖，整个装置具有较强的温度、光照、水质、溶氧、水流、水位控制能力，抱卵虾生产潜力较大，可以实现抱卵虾批量化生产。图 3 - 3 为淮安市水产科学研究所设计的产卵装置的平面示意图。

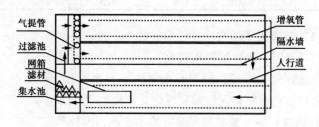

图 3 - 3 大棚产卵池平面示意

该装置面积 700 平方米，南北长 50 米，东西宽 14 米，池壁高 1.2 米。池壁以砖砌成，池底用壤土铺垫平整，进水口处池底比排水口池底高 20 厘米，进、排水口处建循环水处理装置 1 套。池上建钢架塑料大棚，塑料薄膜下设黑色遮阳网一层。池中设微孔增氧设备 1 套，置放特制网箱 20 尾，设人行走道 2 条（彩图 19 和彩图 20）。

该装置实现了水流、水质、光线、水温、溶氧的人为控制，亲虾暂养密度增加到 35 尾/米²，也方便了抱卵虾收集。2007 年和 2008 年连续两年，设计单位利用该装置，生产抱卵虾 1 243 千克，平均抱卵率达到 81.3%，实现了抱卵虾规模化生产的目的（表 3 - 1）。

表3-1　亲虾放养及抱卵虾收获情况（2007年）

放养/尾			收获/尾(2007年10月15日至 2007年11月1日)			平均抱卵 率/%
箱别	雌虾	雄虾	第一次抱卵虾	第二次抱卵虾	未产雌虾	
1-2,1-4, 4-4	1 800	450	766	161	200	82.2
4-5	600	150	189	15	63	76.4
4-2	600	150	232	16	32	88.6
4-3	600	164	174	60	25	90.3
2-1,2-2	1 926	550	860	73	239	79.6
2-4	1 000		359	102	142	76.5
3-2	600	150	268	6	72	79.2
其余10箱	6 107	1 596	2 330	442	619	81.7
合计	13 233	3 210	5 178	875	1 392	81.3

（2）**环境因子调节**　这种抱卵虾生产方式，亲虾放养密度高，对各种环境因子的控制要求较高。否则，亲虾暂养的死亡率较高，即使雌雄虾勉强产卵，雌亲虾本身的活力也不强，极易造成因抱卵虾死亡使得受精卵无法顺利孵化，苗种生产工作功亏一篑。

①水质：集中放养待产亲虾的水泥池，因放养密度高，剩饵、粪便及死亡亲虾逐渐积累，水质极易恶化，必须高度重视水质的调节，及时清除剩饵、死虾，加大换水或配备循环水处理装置是解决水质问题的根本方法。用网箱作为抱卵虾生产装置时，也要定期清理剩饵和死虾，防止箱底局部水质恶化。

②光照：自然界中，小龙虾是昼伏夜出的动物，产卵活动更是在洞穴中进行。因此，人工产卵设施要有遮阳装置，昏暗的环境可以促进小龙虾顺利产卵。

③水位和水流：水泥池水深一般控制在30～50厘米。水太深，水花生等附着物不易在水面和池底之间形成桥梁，亲虾的栖息范围减少；水太浅，水质和水温不稳定，频繁换水，也会干扰小龙虾产卵。小龙虾产卵行为需要一个安静的环境。因此，非因水质原因必须换水或加水外，不需要始终流水。为控制水质，可以2～3天换水一次，一次换水20%。换水时，水流要控制，尽量不对亲虾形成大的刺激。

④ 溶氧：由于亲虾的放养密度高，暂养水体又小，因此保持水体充足的溶氧含量很重要。如果配备了微孔增氧设施，应于夜间正常开动，否则应通过流水或其他方式增氧。缺氧时，虽然小龙虾可以因攀爬到水面上的附着物上侧身呼吸空气中的氧气而不死，但已无力完成产卵行为。经常缺氧会导致小龙虾体质受到严重影响，抱卵率将严重下降。

⑤ 温度：小龙虾的最适宜的产卵温度是 15～25℃，温度低于15℃后，产卵行为大大减少。因此，人工繁育时要设法使水温保持在 15℃以上，保持方法视设施条件的不同有所区别。水泥池上可以建塑料大棚或在池口上加盖塑料薄膜；专门设计建设的工厂化产卵装置最好配备温度调控设备，适宜的温度可以促进产卵率的提高。

（3）喂养 繁殖期的小龙虾摄食量较小，对采食的品种有较高的要求。为促进小龙虾亲虾保持体能，必须要做好投喂工作。要求在亲虾投放后，每天傍晚前后按投放亲虾体重的 0.5%～1%投喂一次饲料。饲料品种以剁碎的螺、蚌肉和小杂鱼为好。由于水泥池的水体小，自净能力差，应将剁碎的螺蚌肉和小杂鱼清洗干净后再投喂，以减少换水量或循环水处理的负担。

（4）日常管理 ① 做好水质监测工作：水质变坏引起氨氮或亚硝酸盐含量高，小龙虾亲虾活力下降，摄食不旺，体力下降，产卵率和产卵量都受影响。经常监测水质变化，及时将水质调节到较理想状态，是保证小龙虾产卵率的基础。

② 其他各种环境因子的调节：要根据小龙虾亲虾产卵对环境的要求，做好光照、水温、水位、水流、溶氧等各种环境因子的调节，确保小龙虾亲虾有良好、安静的产卵环境。

③ 做好清杂和巡查工作：要及时清除死虾和剩饵，及时清除腐败的水生植物。认真巡查亲虾放养设施的运行情况，及时修复各种原因损坏的设施、设备。保证设施设备的正常运行。

④ 严防鼠害的发生：由于水浅、水清，放养密度又高，水泥池和网箱里的小龙虾极易遭到水老鼠、黄鼠狼的捕食，要以各种方法防止鼠害的发生。

（5）抱卵虾收集与运输 将成熟的亲虾放入产卵设施后，暂养一段时间后，将分批产卵，抱卵虾和雄虾、未产雌虾同池高密度共处将影响受精卵孵化率和抱卵虾本身的生存。因此，水泥池或网箱等非洞穴产卵设施出现抱卵虾后，应及时分批将抱卵虾隔离出来，放入条件优越的孵化设施开展受精卵的孵化。这要求做好以下两项工作。

① 抱卵虾的收集。小龙虾亲虾的产卵环境要求尽可能地少受干扰，水泥池频繁排水或网箱不断抬起清理抱卵虾的操作，必然对小龙虾亲虾的产卵产生影响。而清理次数少，又会造成受精卵发育不齐，影响后续孵化工作。因此，要经常检查抱卵虾出现的比率，掌握合理的抱卵虾清理频度。一般根据孵化条件和抱卵虾产出数量确定清理频度。控温孵化时，要求受精卵发育尽可能同步，3~4天清理一次比较合理；常温孵化时，7~8天清理一次较好。

② 抱卵虾的运输。同大部分受精卵一样，胚胎发育的早期，极易受到环境因子的影响。因此，受精卵从产卵设施中分离出来时，尽量避开强烈的光照，保持湿润或带水环境。清理抱卵虾时，一定要轻拿轻放，装运时单层摆放，避免相互挤压、碰撞，运输途中要避光、透气，尽可能缩短运输时间和距离。短距离可以采用干法运输，长距离运输最好带水操作。

二、受精卵孵化管理

受精卵孵化工作决定着小龙虾苗种生产的结果，孵化率决定着苗种产出数量，孵化时间决定着苗种供应时间及规格。受精卵的孵化是小龙虾苗种生产最重要的环节，必须高度重视。小龙虾受精卵黏附于母亲虾的游泳肢上，其孵化进程与结果除和其他鱼、虾的受精卵一样受温度、溶氧等环境因子控制外，还受雌亲虾本身孵化行为的影响。因此，做好小龙虾受精卵的孵化工作既要创建受精卵所需的环境条件，又要满足雌亲虾的生存、生活需要。

1. 自然孵化

这种孵化方式是指在自然温度下，由抱卵虾依靠其天然护卵、护幼的习性，将受精卵孵化成仔虾的孵化行为。自然条件下，受精卵的孵化主要是由雌亲虾携带在洞穴中完成。由于孵化时间较长，雌亲虾除偶尔出洞觅食之外，大部分时间都在不断地划动游泳肢，带动受精卵在水中来回摆动。这样既解决受精卵局部溶氧不足的问题，又能及时清除坏死卵，因而孵化率较高。实际生产中，为雌亲虾创造优越的生活环境，提高雌亲虾的活力，腹部的受精卵自然就得到雌亲虾的精心护理，具体做法如下。

（1）**保持水位稳定**　大部分小龙虾的洞穴都分布在正常水位线上 30 厘米以内，洞口开于水位线以上，洞底通往水位线以下，洞穴始终处于半干半水状态。水位稳定可以保持洞穴半干半水状态，促进受精卵的孵化进程。

（2）**保持洞穴温度**　冬季缺水季节或为抑制受精卵孵化进程，人为排干池水，使小龙虾洞穴完全处于无水状态，但在越冬期间受精卵和亲虾有可能因寒冷的天气而死亡。因此，应该在洞穴集中区覆盖草帘或堆放 5 厘米以上稻草等保温性好的秸秆，防止洞穴结冰引起抱卵虾死亡。

（3）**保持良好的水质条件**　在抱卵虾集中放养或者因水温控制不好，抱卵虾出洞栖息于池塘时应特别重视抱卵虾优良生活环境的营造。其中水质调节最为重要。水质好，亲虾的活力就有保证，护卵、护幼的天性才能正常发挥，受精卵的孵化率相应提高。

2．**控温孵化**

小龙虾受精卵的孵化进程受温度的影响最大。在适宜的范围内，温度越高，孵化时间越短；温度越低，孵化时间越长。最长的孵化时间可达数月，这也是第二年春季还会出现大量抱卵虾的主要原因。日本学者 Tetsuya Suko 专门就温度对小龙虾受精卵的孵化时间的影响做过研究，认为在适宜的温度范围内，受精卵孵化经历时间和温度升高呈正向线性关系（表 3 - 2）。

表 3 - 2　克氏原螯虾受精卵在不同温度下孵化经历时间

温度/℃	7	15	20	22	24	26	30	32
历时天数/天	150	46	44	19	15	14	7	死亡

和非洞穴产卵方式生产抱卵虾方法相配合，抱卵虾也可以集中

放养。人为控制抱卵虾的水温，使小龙虾亲虾栖息水体的温度达到小龙虾受精卵最适宜的孵化温度，加快受精卵孵化进程。其中，根据小龙虾栖息习性，设计、构建专门的小龙虾抱卵虾集中放养和受精卵控温孵化设施，孵化效率最高。它可以像其他水产养殖动物一样，实现规模化产苗和有计划供苗。下面是江苏淮安市水产研究所小龙虾受精卵控温孵化应用实例，各地可以根据具体情况，设计和建造适合自己设施条件和生产规模的控温孵化设施（彩图21）。

（1）**控温孵化装置的设计和构建** 由原工厂化循环水养鱼车间部分水泥池改造建成，面积为50平方米。改造原有进、排水管道，配备简易水处理设施，形成封闭循环水系统，配备自动电加热装置，保证孵化用水水温的可控性。每口水泥池还设置了同样大小的密眼网箱（40目）1只，网箱内放置抱卵虾暂养笼若干。创造受精卵适宜的水流、水质、光线、温度、溶氧等环境条件，促进受精卵尽快、批量孵化。

（2）**抱卵虾的放养与受精卵孵化结果** 抱卵虾放养量为20～40尾/米²。2007年10月15日至11月1日，该所将3 960只抱卵虾分成3批，采取3种增温方式进行孵化试验，共获0.6～1.2厘米稚虾71.6万尾。2007年控温孵化试验，剔除死亡抱卵虾后，平均孵化率为81.6%。控温孵化结果见表3-3。

表3-3 抱卵虾控温孵化情况

池别	抱卵虾投放和死亡/尾						稚虾收获/万尾		
	I		II		III		I	II	III
	投放	死亡	投放	死亡	投放	死亡			
1	600	371			300	48	8.9		7.6
2	720	417			300	52	11.4		7.3
3	640	348			350	42	11.3		9.2
4			570	229				11.6	
5			480	202				9.6	
合计	1 960	1 136	1 050	431	950	142	31.6	21.2	24.1
平均孵化率/%							79.5	81.4	82.7

3. 离体孵化

小龙虾受精卵通过一个柄像葡萄一样黏附于雌亲虾的腹肢上（彩图22），连接卵和腹肢的柄由小龙虾产卵时排出的黏液硬化而成。有雌亲虾精心护理时，受精卵尚不至于从母体脱落，但受外力拨弄后，比较容易与腹肢分离，分离的受精卵在环境条件适宜的情况下仍可以正常孵化成仔虾。小龙虾受精卵的这种特性为离体孵化提供了可能。

小龙虾苗种生产中，较长的受精卵孵化过程，对雌亲虾的体能是严峻的考验。池塘洞穴孵化环境和人工构建的非洞穴孵化设施中都出现了抱卵虾死亡现象。尤其是后者，抱卵虾的死亡率更高，有的达到50%以上。抱卵虾死亡引起的受精卵损失给苗种生产造成较大的被动性。为减少因抱卵虾提前死亡引起的受精卵损失，科技工作者已研究、开发出了小龙虾受精卵的离体孵化新技术，该技术主要由受精卵剥离、集中孵化和仔虾收集几个部分组成。

（1）**孵化装置的构建** 小龙虾受精卵比重略大于水，被剥离的受精卵静置于水中时，将沉在水底。自然状态下，刚孵化出的小龙虾仔虾自主活动能力差，必须附着于雌亲虾的附肢上。这两种特性决定了小龙虾受精卵的离体孵化装置应具备两种功能，一是必须有定时翻动受精卵的能力；二是让刚孵化出仔虾有附着的载体（彩图23）。因此，离体孵化装置应作如下设计：孵化床的上方设置喷淋器，不间断喷水，保持受精卵始终处于流水状态，为防止受精卵局部缺氧，受精卵孵化床的底部设置定时拨卵器，每隔2~3分钟翻动受精卵1次；根据孵化水温预测小龙虾胚胎破膜时间，于破膜前3~5小时放入经严格消毒的棕榈皮等附着物。

（2）**受精卵的剥离** 小龙虾胚胎受温度、光线等多个因子影响，剥离受精卵时，要特别注意环境条件的变化。为防止因环境条件剧变引起的胚胎死亡，可以在产卵池边设置临时手术间，尽量减少受精卵运输和在空气中暴露时间。手术间必须避强光、避风、保温，各种手术用具严格消毒。受精卵剥离时，用左手将小龙虾抱卵虾抓住，使卵块朝向带水容器，用右手持软毛刷从前向后轻轻刷落受精卵。剥离受精卵的操作关系到胚胎受损害的程度，也直接影响着孵化率。因此，操作过程一定要轻、快，尽可能缩短操作时间。

（3）**受精卵离体孵化管理**　孵化过程中主要做好温度控制、水流管理和霉菌防治三项工作。

① 温度调节：受精卵离体孵化装置的用水量较少，可以在水源池中添加电加热器和温度自动控制仪来调节孵化用水的温度，较适宜的孵化温度为 22~24℃；

② 水流控制：静置于孵化床上的受精卵靠上方喷淋和池底的拨水装置满足溶氧要求；

③ 离体孵化的过程中，应坚持用甲醛溶液对受精卵进行浸洗杀霉、防霉处理。甲醛的浓度为 70~100 毫克/升，浸洗时间为 15 分钟，两次浸洗的时间间隔为 8 小时。为减少未受精卵和坏死胚胎对正常胚胎的影响，每天都要漂洗受精卵，尽可能将坏死卵分离出去。

（4）**仔虾分离和内源营养期管理**　受精卵经两周左右时间的孵化，胚胎会陆续破膜成为仔虾。此时的仔虾尚不能独立生活，需要依附在像母亲虾腹肢一样的附着物上，靠卵黄继续支持生命活动需要的能量，直到完成 2~3 次蜕皮后，具备独立觅食能力，才能离开附着物并开始营外源性营养生活。受精卵离体孵化情况下，这个阶段的管理很重要，既要将刚孵化出的仔虾和受精卵分离，又要营造仔虾的生长发育所需要的条件。

具体做法：在胚胎破膜前 3~5 小时，将消过毒的棕榈皮、水葫芦根须等附着物吊挂在受精卵上方的水中，出膜的仔虾依附于附着物上，再将附着物连同仔虾一起移入虾苗培育池。经 3~5 天的暂养，仔虾逐渐分散觅食，开始正常的苗种培育。

受精卵的离体孵化技术仍处于试验阶段，孵化率较低，目前尚未开始生产性应用。苗种生产实践中，这种方法可以作为因抱卵虾死亡引起受精卵损失的补救措施，技术成熟后可以主动将所有抱卵虾腹肢上的受精卵剥离、再集中孵化，可大大节约小龙虾受精卵的孵化成本，为小龙虾苗种的有计划、批量化供应提供技术支持。

三、小龙虾提早育苗技术

刚孵化出的小龙虾仔虾营自营养生活，仍依附于雌亲虾的游泳肢上，经2~3次蜕皮即具备了完全的生活能力，陆续离开母体独立觅食。此时的仔虾体长在0.7厘米左右，分散栖息于池底、水生植物等各种附着物上。普通池塘中，这种小规格的苗种密度稀，很难集中，只能待其长到4~6厘米的较大规格，可以用小网目地笼捕捞时，才能集中起来或分配到成虾池养成成虾或者对外供应。通常所指的小龙虾苗种是指这种便于捕捞，可以集中出池，规格达到4~6厘米的小规格龙虾。控温孵化或专门的高密度繁育土池中，虾苗密度大，规格相对整齐。生产中可以用棕榈片、废旧渔网、水葫芦根须等诱捕，也可以抄网从附着物下抄捕，还可以用密眼拉网扦捕。这种方法生产出的虾苗便于集中，规格为1~2厘米，只能用氧气袋带水运输。上述两种规格的小龙虾苗种，都可以出现在3月份。成虾养殖的主要季节是4—6月份，如果3月份就有大规格苗种，成虾养殖就有了较好的基础。成虾上市早，价格高，经济效益有保证。如果3月份苗种规格仅达到1~2厘米，小龙虾的成虾上市晚，高温季节尚有大量虾未能到达上市规格，捕捞难度加大，病害也较多，最终的产量和效益也不稳定。如何在早春即有大规格苗种，这就要求提早育苗。下面介绍提早育苗的技术要点。

1. 常温条件下提早育苗的技术要点

（1）**亲虾投放要早**　常温条件下，要实现小龙虾的提早育苗，最关键的是提早获得抱卵虾，再依靠尚处于高位的自然温度，小龙虾的受精卵即可于秋季孵化成仔虾。因此，常温下提早育苗的小龙虾亲虾应于8月中旬前投放。投放的亲虾体重要求在35克以上，体色紫红，附肢齐全，活动能力强，抽样解剖后的雌虾性腺呈褐色，亲虾放养数量同正常育苗。

（2）**育苗池水位稳定**　亲虾投放后，经短暂的环境适应后，会陆续打洞产卵。由于此时的温度一般在24~28℃，亲虾仍会出动觅食，适宜的环境加上较高的水温，受精卵会在1周左右孵化出仔虾。为了满足小龙虾亲虾的生活需要，育苗池水位要保持稳定，既不能低于正常水位线引起抱卵虾提前穴居，也不能超过正常水位线，甚至淹没洞穴，造成亲虾重新打洞，从而影响雌亲虾的正常产卵。

（3）**精心培育幼虾**　在做好上述两项工作后，受精卵将于9月上、中旬孵化出仔虾。此时的温度非常适宜小龙虾幼虾的快速生长，在捕捞产后亲虾的同时，立即开展幼虾的培育工作，确保于10月中上旬完成小龙虾苗种的标粗，使幼虾达到3厘米以上。

（4）**提早分塘养殖**　密度过大或饵料匮乏时，小龙虾具有自相残杀的习性。因此，育成的小龙虾幼虾应尽快分塘养殖。在池塘条件下，一般是在幼虾规格达到可以用密眼地笼起捕时分塘养殖，当然也可以用手抄网从漂浮植物丰富的根须下抄捕更小的小龙虾幼苗提早分养。后一种方法使小龙虾苗种的产量更高，分养出去的小龙虾幼虾冬季前达到的规格更大。

2．工厂化条件下提早育苗的技术要点

工厂化条件是指将小龙虾苗种的繁育条件设施化，使得小龙虾苗种的生产计划性更强，单位产量更高。工厂化还包括繁育的温度、溶氧等环境条件可以人为控制，可以根据成虾养殖生产的需要提早或推迟苗种产出时间，满足生产需要的苗种数量。因此，将小龙虾苗种繁育的各个环节进行设施化建设，使得繁育条件工厂化，可以作为提早育苗的一种途径。这些条件包括：根据小龙虾可以在水族箱、水泥池中正常产卵的试验结论，设计、建设小龙虾抱卵虾的专门产卵装置；根据小龙虾胚胎发育进程受温度控制的规律，设计、构建小龙虾受精卵的控温孵化装置以及开展小龙虾幼虾强化培育的工厂式养殖条件的构建。这些设施的设计，前面已有介绍，下面仅对工厂化条件下的提早育苗技术作简要说明。

（1）**亲虾选择**　亲虾是小龙虾苗种繁育的基础，亲虾成熟得早，产卵也快。因此，选择健康、成熟度好的小龙虾亲虾，确保具有充足的受精卵来源，是实现提早繁苗的基础。

（2）**控制好环境条件，促进同步产卵**　成熟度好的小龙虾亲虾在如前所述的专门产卵装置中，在水流、光照、温度等多个因子的人工诱导下，会相对同步地产卵。根据产卵比例，将抱卵虾分批集中，为受精卵的控温孵化做好准备。

（3）**控温孵化，促进孵化进程** 温度是影响孵化进程的最主要因素。在适宜的范围内，适当提高孵化温度是实现提早育苗直接的手段，但过高的温度也会造成胚胎发育畸形或死亡，尤其会导致抱卵虾的死亡，适宜孵化温度为 22～24℃。

（4）**强化培育，提高苗种规格** 受精卵经 10 天左右的孵化，仔虾陆续出膜。经 3～5 天的暂养，仔虾将离开雌亲虾独立觅食，为迅速提高苗种规格，可以利用温度较高的孵化池，直接开展苗种培育工作。再经 5～7 天的强化培育，小龙虾蜕皮 2～3 次，规格达到 2 厘米左右后，将培育池水温逐步降低至室外水温，集中幼虾放入室外苗种培育池或计数后，按放养计划直接放入养殖池开展成虾养殖。

四、小龙虾延迟育苗技术

小龙虾最适宜的生长水温在 15～28℃，也就是每年的春秋季，秋季是小龙虾主要的繁殖季节。因此，小龙虾成虾养殖的主要季节在春季，为了充分利用好春季，尽可能在春季完成小龙虾全年的养殖生产任务，因此要求开春后，水温达到 15℃ 以上时就有 3 厘米以上的大规格苗种。所以育苗工作必须于前一年提早进行，以更好实现这个目标。这是目前普遍采取或希望采取的小龙虾养殖模式。但也有一些养殖模式，要求小龙虾苗种供应的时间延后，也就是要求苗种提供时间比目前大量供应苗种的春季还要晚，延迟到 5 月份甚至是 6 月份，以减少对与其共生的水生经济植物的影响，达到小龙虾生产和经济植物生产配套进行，获得更高的经济效益。当然，适宜的条件下小龙虾生长速度较快，有苗种供应的保障，小龙虾成虾养殖完全可以多茬生产，获得更高的年产量和经济效益。下面是小龙虾延迟育苗技术要点，供需要者参考。

1. 干涸延迟育苗技术

本方法就是将小龙虾苗种繁育池的水排干，人为制造相对恶劣的生存环境，迫使小龙虾亲虾进洞栖息。等到需要小龙虾苗种时，再进水至小龙虾洞穴之上。小龙虾抱卵虾或抱仔虾在池水的刺激下，带卵（或仔虾）出洞生活，受精卵迅速孵化成仔虾，已经孵化成的仔虾则很快离开雌亲虾独立觅食。从而，实现小龙虾的延迟育苗目的。

（1）**亲虾投放**　为实现第二年 5 月份或 6 月份以后出苗的目标，放养亲虾的时间应推迟到水温下降至 15℃ 以后，已经成熟的亲虾将会继续产卵，尚未完全成熟的亲虾将于第二年水温回升至 15℃ 左右时产卵。自然条件下，这些抱卵虾都在洞穴中栖息，池中无水时受精卵的孵化进程将减缓。亲虾投放数量同正常苗种繁育技术。

（2）**排水**　为了迫使小龙虾亲虾进洞穴居，在亲虾放养后应逐步排干池水，干涸的池塘和寒冷的冬季小龙虾无处栖息只好打洞穴居，有些亲虾还以泥土封住洞口。池水完全排干时的水温不应低于 10℃。

（3）**保温管理**　排干池水的池塘，小龙虾的洞穴完全暴露在空气中。如果洞穴不够深，小龙虾会因温度太低被冻死。因此，排干水的池塘在冬季必须重视小龙虾洞穴的保温，主要做法是洞穴集中区覆盖保温的植物秸秆或将洞穴集中区压实。

（4）**适时进水**　穴居在洞中的小龙虾抱卵虾经过漫长的冬季，体力消耗极大，受精卵也已孵化成仔虾，必须适时进水，恢复正常的小龙虾生活环境，6 月上旬是洞穴中小龙虾能承受的最长时间。应根据生产安排，尽快进水，激活小龙虾新的生命历程。

2. **低温育苗延迟技术**

要想延迟育苗，必须得推迟受精卵的孵化进程，小龙虾受精卵的孵化进程受温度控制，这就要求繁育设施具有温度控制能力，只有在工厂化育苗的条件下才能达到。因此，在完成抱卵虾生产后，将抱卵虾集中放入低温水池长期暂养，根据生产需要分期分批将抱卵虾从低温池取出，逐步升温到正常孵化温度，有计划地孵化出仔虾，真正实现苗种有计划的生产和供应。运用该技术应该注意的事项有以下几方面。

（1）**抱卵虾生产**　靠降低抱卵虾暂养水温来推迟育苗时间的前提是能将抱卵虾集中起来，因此，抱卵虾必须是在上述的非洞穴产卵装置中生产，这样才能实现抱卵虾的集中。当然，生产目的是推迟育苗，亲虾的产卵时间也要尽可能地推后。

（2）**抱卵虾的低温暂养**　靠自然温度繁殖小龙虾苗种时，抱卵虾集中出现时间主要在 10 月份。此时产出的受精卵通过低温可将其胚胎发育进程延迟到第二年的 5 月份或 6 月份，甚至更迟，前后长达 7~8 个月，这对亲虾本身和低温暂养条件都是严峻的考验。因此，必须做好以下几点。

① 严格消毒。亲虾交配、产卵，抱卵虾的收集操作，必然引起亲虾或多或少受伤，推迟育苗又必须将抱卵虾长期暂养。因此，为防止亲虾本身伤口溃烂，也为了孵化暂养环境不被外源致病菌污染，抱卵虾进入暂养池前，必须进行严格的消毒。消毒的药物可以采用低刺激性的聚维酮碘等高效杀菌防霉制剂。

② 严控温度。根据低温暂养抱卵蟹延迟育苗时间的经验，小龙虾抱卵虾的低温暂养水温为 4℃。这和产卵池的 12℃ 最低水温相差较大，急速降温，将会对胚胎发育产生极为不利的影响。因此，抱卵虾放养时，必须做好降温处理，降温梯度为每 24 小时降低 1℃ 为宜。暂养期间，严格保持水温恒定，绝不可以忽高忽低。

③ 精心管理。低温暂养延迟胚胎发育的设想源于小龙虾受精卵孵化进程在环境条件不适宜时可以长达数月，这期间小龙虾亲虾不活动，不进食，完全处于休眠状态。人为创造的低温暂养环境，也必须营造适宜小龙虾休眠的环境。因此，整个低温暂养期间，要有专人负责，严控温度的同时，还应该控制光线，尽量减少日常管理对亲虾的惊扰，保持环境安静。

（3）**受精卵的继续孵化**　根据生产需要，分批将抱卵虾从低温暂养池中保温转入孵化车间，逐步提温至设计的孵化温度，这里的关键点是升温速度的控制。由于小龙虾胚胎在长期低温条件下，发育很慢，过快升温会造成胚胎发育的异常。因此，升温过程必须缓慢，一般升温梯度也是一天 1℃。温度升到设计孵化温度后的孵化管理和正常受精卵的要求一样。

第四节　幼虾的培育技术

幼虾刚脱离母体时，体长约 10 ~ 12 毫米，虽然已可以独立觅食，但活动半径较小，对摄食的饵料大小、品种都有特殊的要求，此时的幼虾最适口的饵料是枝角类等浮游动物、小型底栖的水生昆虫、水蚯蚓等环节动物以及着生藻类和有机碎屑等，因为个体太小，还会受到鱼类、虾类的捕食。因此，直接放入池塘进行成虾养殖，成活率较低。为提高小龙虾苗种的成活率，设立小龙虾幼虾强化培育池，创造优越的幼虾生长环境，精心投喂，短时间内将幼虾标粗到 4 厘米以上，对提高小龙虾苗种成活率、缩短成虾养殖时间，促进成虾提早上市，具有重要的生产意义。

一、培育池准备

1. 培育池选择

培育池可以是土池也可以是水泥池或密眼网箱等，大小视各地现有条件，因地制宜地确定，一般土池要求为 3 ~ 5 亩，水泥池、网箱为 20 ~ 50 平方米；土池要求池底平坦，池埂坡比小于 1∶2，池水深度为 50 ~ 80 厘米；池塘长方形，呈东西向设置，池塘宽度不超过 40 米。

2. 彻底清塘

创建洁净的培育池环境，是提高苗种培育成活率的关键环节。土池彻底清塘的方法是将水进至最高水位，用速灭杀丁等将存塘的小龙虾全部杀灭，再将水排干，用生石灰等高效消毒剂进行干法清塘，在修整池埂的同时，将池底曝晒数日；水泥池用高锰酸钾消毒后备用。

二、环境营造

1. 移植水草

水草是小龙虾栖息生长的基本条件，既可供幼虾隐蔽、栖息、蜕皮，又可供摄食，净化水质，可促进幼虾成活率和生长率的提高；"虾多少，看水草"，丰富的水草可以营造培育池立体的养殖环境。幼虾培育时间主要集中在晚秋或早春时节，此时的水温较低，池塘移植的水草最好是适宜在低温生长的伊乐藻、眼子菜，水草移栽应于苗种下塘前完成，移栽面积约占池塘面积的 60% ~ 70%。水泥池或网箱培育池也要移植水草，适宜的品种为水花生和伊乐藻；无法移植时，水平或垂直挂置一些网片，或用竹席平行搭设数个平台，也可以降低平面密度，有利于小龙虾的栖息，能提高幼虾成活率（彩图 24）。

2. 微孔增氧

幼虾放养密度较高，随着剩余饲料的增加，水草的生长，培育池可能会出现缺氧现象，设置微孔增氧设施，可以有效防止因虾苗缺氧引起的损失。

三、施肥

在移栽水草的同时，按每亩施入 300 ~ 500 千克发酵好的有机肥，既可以促进水草生长，又可以培育出幼虾适口的天然饵料，提高仔虾的放养成活率，节省饲料投入。施肥时，可以将有机肥埋于水草根部，也可以在池塘四周近水处分散堆放，保证肥力缓慢释放，使透明度不低于 40 厘米。用土池繁育池直接进行苗种强化培育时，应视水质情况，可以在放苗一周前，补施有机肥 200 ~ 300 千克/亩；水泥池可以用无机肥适当肥水培育浮游生物或引入池塘水使池水透明度达到 30 ~ 40 厘米。

四、仔虾放养

土池繁育池依靠自然温度孵化虾苗，开展幼虾培育时，只需将产后亲虾捕出，对在塘仔虾数量进行估算，就可以就原塘进行幼虾的强化培育。仔虾数量特别多，每亩超过 10 万尾时，还需将多出的仔虾分出，然后再进行正常的培育工作。而工厂化育苗一般都进行了加温，应将孵化出的仔虾连培育池水降温至自然水温，然后通过收集、包装、运输至已准备好的苗种培育池或成虾养殖塘，放养量应根据放养计划确定，放养时要像放养其他虾苗一样，做好水温、水质适应处理工作。

1. 数量

幼虾培育池的放养数量视培育条件而定，条件好的土池放养量为8万~10万尾/亩，水泥池生态环境条件不如土池，应适当降低放养密度（不超过800尾/米²）。

2. 时间

仔虾孵化出的时间主要集中在每年的9—11月份，此时气温和水温逐步走低，早期可以选择清晨太阳出来之前放养，后期可以选择在中午水温相对较高时放养。

3. 繁育池留种

小龙虾的仔虾不像罗氏沼虾虾苗那样浮游在水体中，而是比较均匀地分布在培育池池底和各种附着物上，捕捞集中的难度较大，因此，常采取繁育池原池幼虾培育，池中仔虾数量由抱卵虾数量和受精卵的孵化率决定，应对在塘仔虾数量进行估算，做到有计划培育。估测的方法是在培育池不同部位选点，抽样检查单位平方米内培育池的仔虾数量，再根据培育池有效水体推算在塘仔虾数。单位平方米的仔虾数量，可以通过定置网具的设置获得。

4. 成虾池自繁自育

利用成虾池预留成虾繁殖幼虾，解决下一年小龙虾苗种时，也必须对在塘仔虾数量进行较为准确的估测，估测方法同上，数量超过计划放养数量时，应想方设法捕捞出多余的虾苗，数量不足时，应从其他渠道补足数量，防止不了解在塘幼虾数量，使后续苗种培育和成虾养殖工作处于被动。建议用这种方法解决苗种问题的仔虾数量控制在1万~2万尾/亩。

五、饲养管理

在适宜的温度下，小龙虾的幼虾生长迅速，即使是越冬期间，小龙虾的幼虾也能蜕壳生长，快速生长的基础是优良的生态环境和充足的营养积累，应做好如下工作。

1. 饲料选择与投喂

（1）饲料选择 小龙虾属杂食性动物，自然状态下各种鲜嫩水草、底栖动物、大型浮游动物及各种鱼虾尸体都是其喜食的饵料。鲜嫩水草主要为移植、种植适宜小龙虾摄食的伊乐藻、轮叶黑藻以及水浮莲、水花生等；动物性饵料有小杂鱼、螺蚌肉、蚕蛹、蚯蚓等；小龙虾对人工饲料如各种饼粕、米糠、麸皮等同样喜食，也可直接投喂专用配合饵料。不管是何种饲料，都要求饵料综合蛋白质含量在30%以上。由于幼虾的摄食能力和成虾尚有区别，饲料需经粉碎或绞碎后再投喂。幼虾培育的前期，投喂黄豆、豆粕浆效果更好。

（2）投喂方法 小龙虾具有占地习性，其游泳能力差，活动范围较小，幼虾的活动半径更小。因此，幼虾培育期的饲料投喂要特别重视，应遵循以下三个原则。

①遍撒，由于小龙虾幼虾在培育池中分布广泛，饲料投喂必须做到全池泼洒，满足每个角落幼虾摄食需要；

②优质，优质的饲料可以促进幼虾快速生长，幼虾培育期适当搭配动物性饲料，既可以满足幼虾对优质蛋白的需求，也可以减少幼虾的相互残杀，添加比例应不少于30%；

③足量，幼虾活动半径小，摄食量又小。因此，前期的饲料投喂量应足够大，一般每亩每日投喂2～3千克饲料。后期随着幼虾觅食能力增强，可按在塘幼虾重量的10%～15%投喂，具体投喂量视日常观察情况及时调整，保持每天有不超过5%剩料为好。投喂时间以傍晚为主，占日投量的70%～80%，上午投料占20%～30%。如果是10月中下旬孵化出仔虾，越冬前不能分养，越冬期间也要适量投喂，一般一周投喂一次。

2. 水质调节

随着养殖天数增加，剩余饲料和小龙虾的粪便越聚越多，水质将不可避免地恶化，必须重视水质的调节。池塘条件下，除采取移栽水草调节水质外，还要定期使用有益微生物制剂，保持培育水体"肥、活、嫩、爽"的基本养殖条件。在有外源清洁水源时，也可以每周换水一次，每次换水 1/5 左右。要定期监测水质指标，pH 值低于 7 时，及时采用生石灰调节，保证养殖水体呈弱碱性。以水泥池作为培育池时，水质更容易恶化，换水是防止水质变坏的主要方法。有流水条件的，可以保持微流水培育，但要避免水位和水质过大的变动，保持相对稳定的环境。

3. 病害预防

幼虾培育期间，水温较低，培育池环境又是重新营造的，只要定期施用微生物制剂，一般疾病发生较少，但要防止小杂鱼等敌害生物的侵害。因此，进水或换水时必须用 40 目筛绢布过滤，严防任何肉食性鱼类进入培育水体。

4. 日常管理

坚持每天巡塘，发现问题及时处理。幼虾培育方式不同，日常管理的方法也有所区别。池塘条件下，主要防止缺氧和敌害生物的侵害；工厂化条件下，主要是防止水质恶化，保证维持氧气、水流的设备正常运行。同时，应认真登记幼虾培育的管理日志。

六、捕捞与运输

1. 亲虾捕捞

仔虾离开母体后，亲虾出洞正常觅食。此时，要用大眼地笼网捕出所有产后亲虾。这样既可以防止这些亲虾对幼虾产生残害，又能将产后虾上市销售，增加经济效益。

2. 幼虾捕捞

温度适宜时，仔虾经 20～30 天的强化培育，体长将达到 4 厘米以上。此时，可以起捕分塘或集中供应市场，捕捞方法因培育水体的不同可以分别采用密眼地笼、拉网、手抄网、网箱等。

(1) 密眼地笼 密眼地笼是一种被动的诱捕工具，适合于池塘使用，捕捞效果受水草、池底的平整度影响较大。捕捞时，先清除地笼放置位置的水草，再将地笼沿养殖池边 45°设置，地笼底部与池底不留缝隙，必要时可以用水泵使池水沿一个方向转动，以提高捕捞效率。

（2）**拉网、手抄网**　这两种工具是主动捕捞工具，都是依靠人力将栖息在池底或水草上的幼虾捕出。拉网适合面积较大、池底平坦、基本无水草或提前将池中水草清除干净的池塘使用，捕捞速度较快，捕捞量较大；手抄网适合虾苗密度较高，水浮莲等漂浮植物较多的培育池使用，可以满足小批量虾苗需求的供应。

（3）**网箱**　水泥池等工厂化条件下，可以在培育池中预设网箱，待幼虾生长到所需要的规格时，将网箱收拢，可一次性将幼虾捕出，这种方法适合较小的培育池使用。

3．**幼虾运输**

小龙虾幼虾阶段，蜕壳速度快，甲壳较薄，用成虾的运输方式来运输幼虾，幼虾受伤严重，放养成活率较低。因此，幼虾分塘或销售主要是带水运输，1～2厘米的仔虾用氧气袋带水运输，40厘米×40厘米×60厘米氧气袋可装苗2 000尾左右；更大规格的幼虾可以装入长方体虾篓，叠放于充纯氧的活鱼运输车中运输，15厘米×40厘米×60厘米长方体虾篓可装苗2千克（彩图25）。

第四章　小龙虾成虾养殖技术

内容提要：池塘养殖技术；稻田养殖技术；草荡、圩滩地养殖小龙虾技术；水生经济植物田（池）养殖小龙虾技术。

第一节　池塘养殖技术

一、养殖场地的选择

大家普遍认为小龙虾适应性强，连污水沟都能生存，因此任何地方均可养殖。其实不然，在恶劣的环境中小龙虾虽可以生存，但在那种环境中小龙虾基本不会蜕壳生长（或生长极为缓慢），且存活的时间也不会很长，成活率也极低，甚至很少或不会交配繁殖。其实小龙虾对环境选择相对来说还是有一定的要求，因此选择一个良好的地方建造养殖场对小龙虾养殖是否成功，是否可以产生效益以及产生多大效益具有较大的影响。

小龙虾养殖场选址时应根据小龙虾的生物学特性，科学地进行选择。小龙虾养殖场应选择在水源充足、水质优良无污染、土质为黏土、交通便利、电力有保障的地方建造。沙土质或土质松软的地方千万不可建造小龙虾养殖场。众所周知，小龙虾具掘穴、穴居习性（每年两次穴居），沙土质或土质松软的地方，小龙虾的洞穴极易坍塌，一旦洞穴坍塌了，小龙虾会及时进行修补，反复坍塌反复修补，这使得小龙虾能量消耗极大，严重影响了小龙虾的生长、交配、产卵、孵化、繁殖，也直接影响到小龙虾的越冬成活。因此在养殖场选址时一定要对土质进行必要的测试。

虾池的大小、形状相对要求不太严格，因地制宜。面积相对较大些养殖效果较好，池塘要保证不渗漏水，池埂宽度在1.5米以上，进、排水系统完善。虾池的内部结构要求相对较为严格，根据小龙虾营底栖生活的习性、避暑与越冬的要求以及领域性强的特点，池中水底平面面积相对较大为宜。另外，池塘建设还应注意以下几点。

① 池埂要有一定的坡度，坡比相对大些为好。

② 要有浅水区、深水区。深水区的水位可达1.5米以上，浅水区要占到池塘总面积的2/3左右，最好有一定数量的土堆，有利于增加水底平面面积，为小龙虾提供尽可能多的掘穴地盘，也可开挖沟渠或搭建小龙虾栖息平台（彩图26）。

③ 为了保证小龙虾的品质，提高其商品价值，池塘底泥不宜过深（主要指改造鱼塘），多余的淤泥必须清除，淤泥应控制在10厘米以内，塘内最好自然生长有如芦苇、菖蒲、野茨菇、野茭白等挺水植物（彩图27）。

二、养殖塘与苗种塘配比

小龙虾苗种繁育塘的面积一般为1~3亩，不宜过大，具体面积大小视生产规模而灵活掌握，通常养殖塘与苗种塘配比为（8~10）：1。有些养殖场由于养殖塘水质良好，环境优越，营养丰富，小龙虾生长旺盛，塘中幼苗数量很多，其养殖塘与苗种塘配比可达15：1。

三、养殖池塘的准备

鱼池选好或改造好后，在放养苗种前要进行一系列必要的准备工作，待准备完善后方可放养苗种，否则不利于养殖管理，甚至造成小龙虾养殖的失败。

1. 虾池清整与消毒

虾池的清整主要是清除过多的淤泥，堵塞漏洞。消毒是在亲虾或虾苗放养前10天左右进行药物清塘，清塘消毒的目的是为了彻底清除敌害生物，如鲇鱼、泥鳅、乌鳢及与小龙虾争食的鱼类，如鲤鱼、鲫鱼、野杂鱼等，杀灭敌害生物及有害病原体，目前清塘消毒的主要方法有以下几种。

（1）生石灰清塘　生石灰来源广泛，使用方法简单，一般用量为水深10厘米塘口每亩用生石灰50~75千克。生石灰需现化，趁热全池泼洒。生石灰的好处是既能提高水体pH值，又能增加水体中钙的含量，有利亲虾生长蜕壳。生石灰清塘7~10天后药效基本消失，此时即可放养亲虾（图4-1）。

大水面地泼洒生石灰水

化浆泼洒

生石灰

池边挖坑，生石灰化浆全池泼洒

图4-1　生石灰清塘消毒方法

（2）巴豆清塘　巴豆是大戟科植物巴豆的果实，该药物能有效杀灭池中野杂鱼。一般用量为水深10厘米塘口每亩用巴豆5.0~7.5千克。用法：先将巴豆磨碎成糊状，盛进酒坛，加白酒100毫升，或食盐0.75千克，密封3~4天，使用时用水将处理后的巴豆稀释，连渣带汁全池泼洒。此法对成虾养殖很有利，但使用不便，使用时须防误入人口引起中毒。清塘后10~15天，池水回升到1米时即可放养亲虾。

（3）漂白粉、漂白精清塘　此两种药物遇水分解释放出次氯酸、初生态氧，有强烈的杀菌和杀灭敌害生物的作用。一般清塘用药量为：漂白粉20毫克/升，漂白精10毫克/升，使用时用水稀释全池泼洒，施药时应从上风向下风泼洒，以防药物伤眼及皮肤。药效残留期为5~7天，以后即可放养亲虾。

（4）茶粕清塘　茶粕是油茶籽榨油后的饼粕，含有一种溶血

淡水小龙虾高效生态养殖新技术

性物质——皂角甙，对鱼类有杀灭作用，但对甲壳动物却无害。用法：先将茶粕敲碎，用水浸泡，水温25℃时浸泡24小时，使用时加水稀释全池泼洒，用量为每亩每米水深用35～45千克。清塘7～10天即可放养亲虾。

除以上四种方法外，目前众多渔药生产厂家也推出了一系列高效清塘药物。也就是说清塘方法很多，但养殖单位及个人选择清塘药物要慎重，要选用有效安全的清塘方法。

2. 修建防逃设施

小龙虾不像河蟹有季节性洄游习性，但有较强的逆水性，养殖虾塘进水或下大雨的天气极易发生小龙虾逃逸的现象。因此，养殖小龙虾的池塘要加设防逃设施，防逃设施材料因地制宜，可以是石棉瓦、水泥瓦、塑料板、加塑料布的聚氯乙烯网片等，只要达到取材方便、牢固、防逃效果好即可。为了防止野杂鱼类及其卵进入虾池，与虾夺食争氧，同时防止小龙虾逆水逃逸，进、出水口要用60目网布做成长袖状过滤网进行过滤。进、出水口外还要长期设置地笼或其他捕虾工具，检查是否有虾逃逸现象发生（彩图28和彩图29）。

3. 池底底质翻耕施肥

池塘清塘清毒一周后，排干池水，水池底进行曝晒至池底龟裂，用犁翻耕池底，再曝晒至表层泛白，使塘底土壤充分氧化；根据池底肥力施肥（有条件最好能测定），通常每亩施放经发酵的有机肥150～200千克（以鸡粪为好），新塘口应增加施肥量，然后用旋耕机进行旋耕，使肥料与底泥混合，同时平整塘底，有利于水草的扎根、生长及底栖生物的繁殖。

4. 水生植物种植与移植

（1）种草养虾的必要性　小龙虾属甲壳动物，生长是通过多次蜕壳来完成的。刚蜕壳的小龙虾十分脆弱，极易受到攻击，一旦受到攻击就会引起死亡，因此小龙虾在蜕壳时必先选定一个安全的隐蔽场所。为了给小龙虾提供更多隐蔽、栖息的理想场所，在养殖塘口中种植一定比例的水草对小龙虾养殖具有十分重要的意义。通过种植水生植物来控制和改善养殖水体的生态环境，同时也为小龙虾提供更多的饲料源，促进小龙虾的生长。因此，渔民有"要想养好虾，先要种好草"的谚语。所以种草养虾是非常重要的。养虾塘种草，一来可以改善养殖环境，有效防止病害发生；二来可以极大地提高养殖小龙虾的品质。

① 重要的营养来源。从蛋白质、脂肪含量看，水草很难构成小龙虾食物中蛋白质、脂肪的主要来源，因而必须依靠动物性饵料。然而，水草茎叶富含维生素 C、维生素 E 和维生素 B$_{12}$ 等，可补充动物性饵料中缺乏的维生素。此外，水草中含有丰富的钙、磷和多种微量元素，加之水草中通常含有 1% 左右的粗纤维，这更有助于小龙虾对各种食物的消化和吸收。

② 不可缺少的栖息场所和隐蔽物。小龙虾在水中只能做短暂的游泳，常趴伏在各种浮叶植物休息和嬉戏。因此，水草是它们适宜的栖息场所。更为重要的是，小龙虾的周期性蜕壳常依附于水草的茎叶上，而蜕壳之后的软壳虾又常常要经过几个小时静伏不动的恢复期。在此期间，如果没有水草作掩护，很容易遭到硬壳虾和某些鱼类的攻击。

③ 净化和稳定水质。小龙虾对水质的要求较高。池塘中培植水草，不仅可在光合作用的过程中释放大量氧气，同时还可吸收塘中不断产生的氨氮、二氧化碳和各种有机分解物，这种作用对于调节水体的 pH 值、溶氧以及稳定水质都有重要意义。

④ 不可忽视的药理作用。多种水草具有药用价值，小龙虾得病后可自行觅食，消除疾病，既省时省力，又能节约开支。

⑤ 重要的环境因子。水草的存在利于水生动物的生长，其中许多幼小水生动物又可成为小龙虾的动物性活饵料。这就表明，水草是养殖池中重要的环境因子，无论对小龙虾的生长还是对其疾病防治均具有直接或间接的意义。

⑥ 提高品质。池塘通过移栽水草，一方面能够使小龙虾经常在水草上活动，避免在底泥或洞中穴居造成的小龙虾体色灰暗。另一方面有助于水质净化，降低水中污染物含量，使养成的小龙虾体色光亮，利于提高品质，提高养殖效益。

淡水小龙虾高效生态养殖新技术

（2）**适宜小龙虾养殖的水草** ① 水花生，又名空心莲子草
[*Alternanthera philoxeroides*（Mart.）Griseb]，为苋科莲子草属，原
产于巴西（图4-2和彩图30）。
一种多年生宿根性杂草，生命力
强，适应性广，生长繁殖迅速，
水陆均可生长，主要在农田（包
括水田和旱田）、空地、鱼塘、
沟渠、河道等环境中生长，该草
已成为恶性杂草，在我国23个
省市都有分布。水花生抗逆性
强，靠地下（水下）根茎越冬，
利用营养体（根、茎）进行无性
繁殖。冬季温度降至0℃时，其
水面或地上部分已冻死，春季温

图4-2　水花生

度回升至10℃时，越冬的水下或地下根茎即可萌发生长；茎段曝
晒1~2天仍能存活；水花生在池塘等水生环境中生长繁殖迅速，
但腐败后又污染水质。

　　小龙虾吃食水花生的嫩芽，在饲料不足的情况下，早春虾塘口
中的水花生很难成活。水花生对于小龙虾还有栖息、避暑和躲避
敌害的作用，水花生生长好的养虾塘在夏季高温期也易捕捞虾。

　　② 水葫芦，又名凤眼莲（*Eichhornia crassipes*）。多年生水草，
原产于南美洲亚马孙河流域。1884年，它作为观赏植物被带到美
国的一个园艺博览会上，当时被预言为"美化世界的淡紫色花冠"，
并从此迅速开始了它的走向世界之旅，1901年引入中国。它美丽
但却绝不娇贵，无论在盆栽的花钵里还是遗弃或扩散到野外时都
同样长势旺盛。水葫芦叶单生，叶片基本为荷叶状，叶顶端微凹，
圆形略扁，每叶有泡囊承担叶花的重量悬浮于水面生长，其须根发
达，靠根毛吸收养分，主根（肉根）分蘖下一代（图4-3和彩图
31）。水葫芦的吸污能力在所有的水草中，被认为是最强的，几乎在任
何污水中都生长良好、繁殖旺盛。

　　水葫芦是一种可供食用的植物，味道像小白菜，是一种正宗的

"绿色蔬菜",含有丰富的氨基酸,包括人类生存所需又不能自身合成的 8 种氨基酸。小龙虾吃食水葫芦嫩芽和嫩根,养虾塘中的水葫芦根须较短,是由小龙虾吃食造成的。水葫芦也是小龙虾栖息、避暑和躲避敌害的场所。

③ 菹草(*Potamogeton Crispus*),又名丝草(江西),榨草、鹅草(江苏)。菹草为多年生沉水草本植物,生于池塘、湖泊、溪流中,静水池塘或沟渠较多,水体多呈微酸至中性。菹草根状茎细长。茎多分枝,略扁平,分枝顶端常结芽苞,脱落后长成新植株(图 4-4 和彩图 32)。分布我国南北各省,为世界广布种。可做鱼的饲料或绿肥。菹草生命周期与多数水生植物不同,它在秋季发芽,冬春生长,4—5 月份开花结果,夏季 6 月份后逐渐衰退腐烂,同时形成鳞枝(冬芽)以度过不适环境。冬芽坚硬,边缘具齿,形如松果,在水温适宜时再开始萌发生长。

图 4-3　水葫芦

图 4-4　菹草

菹草全草可做饲料,在春秋季节可直接为小龙虾提供大量天然优质青绿饲料。小龙虾养殖池中种植菹草,可防止相互残杀,充分利用池塘中央水体。在高温季节菹草生长较慢,老化的菹草在水面常伴有青泥苔寄生,应在高温季节来临之前疏理掉一部分。通常菹草以营养体移栽繁殖。

④ 轮叶黑藻 [*Hydrilia Verticillata*(L. F.)],俗称蜈蚣草、黑藻、轮叶水草(广东)、车轴草(河北)。轮叶黑藻为雌雄异体,

花白色，较小，果实呈三角棒形（图 4 - 5 和彩图 33）。秋末开始无性生殖，在枝尖形成特化的营养繁殖器官鳞状芽苞，俗称"天果"，根部形成白色的"地果"。冬季天果沉入水底，被泥土污物覆盖，地果入底泥 3 ~ 5 厘米，地果较少见。冬季为休眠期，水温10℃以上时，芽苞开始萌发生长，前端生长点顶出其上的沉积

图 4 - 5　轮叶黑藻

物，茎叶见光呈绿色，同时随着芽苞的伸长在基部叶腋处萌生出不定根，形成新的植株。轮叶黑藻属于"假根尖"植物，只有须状不定根，枝尖插植 3 天后就能生根，形成新的植株。

　　轮叶黑藻是小龙虾优质饲料。营养体移栽繁殖一般在谷雨前后进行，将池塘水排干，留底泥 10 ~ 15 厘米，将长至 15 厘米轮叶黑藻切成长 8 厘米左右的段节，每亩按 30 ~ 50 千克均匀泼洒，使茎节部分浸入泥中，再将池塘水加至 15 厘米深。约 20 天后全池都覆盖着新生的轮叶黑藻，可将水加至 30 厘米，以后逐步加深池水，不使水草露出水面。移植初期应保持水质清新，不能干水，不宜使用化肥，白天水深，晚间水浅，减少小龙虾食草量，促进须根生成。

　　⑤ 竹叶眼子菜（*Potamogeton malaianus* Miq.），又名马来眼子菜，是眼子菜科（Potamogetonaceae）眼子菜属（*Potamogeton*）植物。多年生沉水草本，具根状茎。茎细长，不分枝或少分枝，长可达 1 米。叶具柄；叶片条状笔圆形或条状披针形，中脉粗壮，横脉明显，边缘波状，有不明显的细锯齿（图 4 - 6 和彩图 34）。本科植物起源古老，化石最早见于第三纪始新世。是热带至温带分布种，生于湖泊、

图 4 - 6　竹叶眼子菜

池塘、灌渠和河流等静水水体和缓慢的流水水体中，在中国是水生植物的优势种类之一。竹叶眼子菜营养价值较高，按鲜重计，含粗蛋白 13.6%、粗脂肪 1.6%、粗纤维 16%、无氮浸出物 43.4%、粗灰分 11%，是鱼、虾、蟹的优良天然饵料，也是污染敏感植物，对各种污水有较高的净化能力。马来眼子菜在 6 月份以后就会老化而萎缩。因此，在养殖池一般和别的水草一起种植，不能以主草种植。

⑥ 伊乐藻（*Elodea nuttallii*）属水鳖科伊乐藻属一年生沉水草本，为雌雄异株植物。原产美洲，后移植到欧洲、日本等地，引入我国从 20 世纪 80 年代初由中国科学院地理与湖泊研究所从日本引进。伊乐藻具有鲜、嫩、脆的特点，是虾、蟹优良的天然饵料。用伊乐藻饲喂虾、蟹，适口性较好，生长快，成本低，可节约精饲料 30% 左右（彩图 35 和彩图 36）。

虾、蟹养殖池种植伊乐藻，可以净化水质，防止水体富营养化。伊乐藻不仅可以在光合作用的过程中放出大量的氧，还可吸收水中不断产生的大量有害氨态氮、二氧化碳和剩余的饵料溶失物及某些有机分解物，这些作用对稳定 pH 值，使水质保持中性偏碱，增加水体的透明度，对促进虾、蟹蜕壳、提高饲料利用率、改善品质等都有着重要意义。同时，还可营造良好的生态环境，供虾、蟹活动、隐藏、蜕壳，使其较快地生长，可降低发病率，提高成活率。伊乐藻适应力极强。只要水上无冰即可栽培，气温在 4℃ 以上即可生长，在寒冷的冬季能以营养体越冬，当苦草、轮叶黑藻尚未发芽时，该草已大量生长。

⑦ 蕹菜（*Ipomoea aquatica*），又名空心菜、蕻菜。为一年生蔓状浮水草本植物。全株光滑无毛，茎中空，节上生有不定根，匍匐于污泥或浮于水上。茎绿或紫红色，中空，柔软，节上生有不定根。叶互生，长圆状卵形或长三角形，先端短尖或钝，基部截形，长 6～15 厘米，全缘或波

图 4-7 蕹菜

状，具长柄。8 月下旬开花，花白色或淡紫色，状如牵牛花。蒴果球形，长约 1 厘米。种子 2～4 粒，卵圆形（图 4－7 和彩图 37）。

蕹菜喜高温潮湿气候，生长适宜温度为 25～30℃，能耐 35～40℃的高温，10℃以下生长停滞，霜冻后植株枯死。喜光和长日照。对土壤要求不高。分枝能力强。原产于中国。

蕹菜不但是良好的蔬菜种类，也可作浅水处绿化布置，与周围环境相映，也别有一番风趣。

（3）**水草栽培方法** 水草的栽培方法有多种，应根据不同的水草采取不同的栽培方法，栽培水草方法简要介绍如下。

① 栽插法。这种方法一般在虾种放养之前进行，首先浅灌池水，将轮叶黑藻、伊乐藻等带茎水草切成小段，长度约 15～20 厘米，然后像插秧一样，均匀地插入池底。池底淤泥较多，可直接栽插。若池底坚硬，可事先疏松底泥后再栽插。

② 抛入法。菱、睡莲等浮叶植物，可用软泥包紧后直接抛入池中使其根茎能生长在底泥中，叶能漂浮水面。每年的 3 月份前后，也可在渠底或水沟中，挖取苦草的球茎，带泥抛入水沟中，让其生长，供小龙虾取食。

③ 移栽法。茭白、茨菇等挺水植物应连根移栽。移栽时，应去掉伤叶及纤细劣质的秧苗，移栽位置可在池边的浅滩处，要求秧苗根部入水为 10～20 厘米，株数不能过多，每亩保持 30～50 棵即可，过多会占用大量水体，反而造成不良影响。

④ 培育法。对于浮萍等浮叶植物，可根据需要随时捞取，也可在池中用竹竿、草绳等隔一角落，进行培育。只要水中保持一定的肥度，它们都可生长良好。若水中肥度不大，可施少量化肥，化水泼洒，促进其生长发育。水花生因生命力较强，应少量移栽，以补充其他水草之不足。

⑤ 播种法。近年来最为常用的水草是苦草。苦草的种植则采用播种法，对于有少量淤泥的池塘最为适合。播种时水位控制在 15 厘米，先将苦草籽用水浸泡一天，再将泡软的果实揉碎，把果实里细小的种子搓出来。然后加入约 10 倍于种子量的细沙壤土，与种子拌匀后播种。播种时要将种子均匀撒开。每公顷水面用量

为 1 千克（干重）。种子播种后要加强管理，提高苦草的成活率，使之尽快形成优势种群。

（4）移植螺蛳 螺蛳的繁殖力很强，刚出生的小螺蛳外壳很脆，营养丰富，极易被小龙虾摄食，有利于提高小龙虾的成活率及生长速度。螺蛳又有极强的水质净化作用，为小龙虾的生长提供一个良好的水质环境。通常每亩水面放养活螺蛳 20 ~ 30 千克，让其自然生长、繁育。

（5）注水施基肥 虾苗放养前 5 ~ 7 天保持池塘水深 50 厘米，水源要求水质清新，溶氧含量要在 5 毫克／升以上，pH 值为 7 ~ 8，无污染，尤其不能含有溴氰菊酯类物质（如敌杀死等）。小龙虾对溴氰菊酯类物质特别敏感，极低的浓度就会造成小龙虾死亡。进水前要认真仔细检查过滤设施是否牢固、有无破损。进水后，为了使虾苗一入池便可摄食到适口的优质天然饵料，提高虾苗的成活率，有必要施放一定量的基肥，培养水质及天然生物饵料。有机肥的用量为每亩 150 ~ 300 千克，可全池泼洒，亦可堆放池四周浅水边，以培育幼虾喜食的轮虫、枝角类、桡足类等浮游动物。有机肥在施放前发酵方法为：有机肥中加 10% 生石灰、5% 磷肥，经充分搅拌后堆集，用土或塑料薄膜覆盖，经一周左右即可施用。

四、苗种放养技术

小龙虾的养殖模式从投放的种苗来分有以下两种。

① 直接在秋季投放亲本种虾；

② 在春夏季节投放幼虾苗种。

由于养殖方式不同，种苗放养的方法、规格、数量也各有不同。针对不同养殖方式，在种苗放养时所采取的措施也有很大的差别。亲本种虾因个体较大，适应能力强，在运输和放养过程中相对易操作。而幼虾苗个体小，体质较弱，其装运、放养等操作需相当谨慎细致才能提高运输成活率、放养成活率及培育成活率。

1. 秋季直接投放亲本种虾的放养

（1）亲虾的收集 小龙虾的亲虾来源较广，生产上一般在初秋季（9 月初至 10 月初）就近从河流、湖泊等水质良好的大水体中采集性成熟的优质小龙虾作为亲本虾种。采捕的亲虾最好是从虾笼、虾罾或抄虾网中捕获的小龙虾，这种小龙虾的选择方法也同时保持了养殖种质的质量。所选留的小龙虾亲虾的雌雄比例通常为 2∶1 或 1∶1。选择 10 月龄以上、体重 30 ～ 50 克，附肢齐全、体质健壮、无病无伤、躯体光滑、无附着物、活动能力强的个体。亲虾在放养前，要用福尔马林溶液浸浴亲虾，消除虾体上的附着生物后，才能移入亲虾池进行强化培育。

（2）**亲虾的运输** 采集亲虾原则上应就地取材，以减少运输过程中的损失。亲虾的运输应视距离远近、交通的便利与否及数量的多少，选择适当的运输方式，运输方式主要有氧气袋（包）充氧运输、活水车运输、活水船运输等。

① 网隔箱分层运输法。网隔箱的木架为 60 厘米 × 80 厘米 × 20 厘米，底部用密网（孔径为 0.1 厘米）封底，上面有网盖扣住，放入亲虾后，一只一只地垒叠浸没于水箱（80 厘米 × 100 厘米 × 140 厘米）中，每只网隔箱可放亲虾 8 ～ 10 千克，水箱底部充气增氧，气泡和水流从底层网隔箱中间向上流动，使各层网隔箱中的亲虾有足够的溶氧。此法运输量大，对虾的伤害小，运输时间可达 10 小时，成活率达 90%。

② 活水船运输。所谓活水船即船舱有 1 ～ 2 个或若干个直径 10 厘米左右的孔洞与河水相通，采用活水船运输时舱中需加一层网箱，并附带增氧设施，此法每立方米水体可运 30 千克以上亲虾，但需注意沿途河道水质情况，以防受污染的外河水进入舱内而影响亲虾的成活率。

③ 水草干运法。采用蟹苗箱或食品运输箱进行干法运输，即在蟹苗箱或食品运输箱中放置水草以保持湿度，虾苗箱一般每箱可装亲虾 2.5 ～ 5.0 千克，食品运输箱每箱运输的数量相对要多，通常可在同一箱中放上 2 ～ 3 层，每箱能装运 10 ～ 15 千克。

亲虾的投放数量和方法可参照第三章第二节的相关内容。

2. 春夏季节投放幼虾苗种的放养

在适宜的条件下，小龙虾幼虾需要经 5 ～ 8 次生长蜕壳，经 20 ～ 25 天培育，幼虾体长达到 3 厘米以上时，将幼虾捕捞起来，转入成虾池饲养。

（1）**幼虾苗的质量要求**　幼虾的规格要大体相等，通常在 3 厘米以上为宜。同一池塘放养的虾苗种要一次放足。幼虾的体质要健壮，附肢齐全，无病无伤，生命力强。野生小龙虾幼苗，应经过一段时间的人工驯养后再放养。

（2）**幼虾的捕捞与运输**　幼虾的捕捞方法较多，目前主要有两种方法。一种是利用淡水小龙虾喜欢躲在隐蔽物背后的生活习性，用手抄网反复抄取，多次捕捉。另一种是采用地笼进行捕捞，一般晚上投放捕虾地笼，第二天早上收集捕到的小龙虾，及时分拣。捕捞起来的幼虾要放在网箱中稍做暂养，暂养时密度不宜过大，且必须有增氧设施，网箱要具备防逃功能，待其体力恢复后再进行放养或出售。

小龙虾对环境的适应能力很强，离开水体可以生存相当长的时间，因此小龙虾运输通常采用干运法。可采用 80 厘米×40 厘米×15 厘米的网隔箱装运，在箱内放少量的水草，放一层虾，不可堆装过厚，防止压伤底层幼虾，通常一个箱中放幼虾 5 千克左右（图 4-8）；也可用泡沫箱或塑料周转箱内铺密网眼网布及少量水草，装好幼虾后上层再覆盖一层水草进行运输（图 4-9）。在运输过程中注意保持虾体潮湿，避免阳光直接照射，运输时间不宜过长，否则会影响成活率。

图 4-8　幼虾运输箱　　　　图 4-9　运输幼虾的泡沫箱

（3）**放养方法**　放养时间选在晴天早晨或阴雨天进行，避免阳光直射，水温温差不要过大，最好不超过 2℃。放养前对虾苗或虾种进行2%~3%的食盐水洗浴2~3分钟，杀灭病原体，然后准确计数下池。放养方法是采取多点分散放养，不可堆集，每个放养点要做好标志。干法运输的外购虾苗运至池边后要注意让其充分吸水，排出头胸甲两侧内的空气，然后放养下池。具体做法是将虾苗或虾种及包装一起放入水中，让水淹没后提起，等2~3分钟再次放入水中，反复3~4次，然后再进行放养。第二天在各个放养点进行仔细检查，发现有死亡的小龙虾要捞出称重、过数，并及时进行补充，补充的苗种规格要与原放养规格相一致。

（4）**养殖模式与放养密度** 幼虾放养密度可根据养殖模式、培养池的环境条件、培养的时间以及技术水平来确定。环境条件好、养殖时间短、养殖水平高则放养密度可以加大，反之，则减少。随着池塘养殖小龙虾技术的不断发展，养殖模式越来越多。目前，在我国采用的养殖模式主要有池塘单养、鱼虾混养和虾蟹混养。

① 池塘单养小龙虾。池塘养殖小龙虾在我国是一种较为常见的模式，其养殖类型很多。一般池塘养殖面积5~10亩，水深为1.0~1.5米，池底平整，池埂坡度较大（1：3左右），池塘四周种植水草（占总水面的1/5~1/3），池中每隔5~10米放置扎好的草堆，也可用杨树根、棕榈皮等作为隐蔽物。池水透明度一般保持在30~40厘米。有条件的可在池中设置增氧机。幼虾经饲养2~3个月就可捕捞上市，实行轮捕轮放。池塘养殖小龙虾通常产量能达到150~200千克/亩。其种苗放养有投放种虾和投放幼虾两种模式。

投放种虾模式：8月底至10月初每亩投放20~30千克经人工挑选的小龙虾亲虾，雌雄比例为2：1或1：1。当水温低于10℃时可不投喂饲料，整个冬季保持一定水位。冬季因水温较低，小龙虾进入洞穴中越冬。翌年4~5月份如发现池塘中有大量幼虾活动，应加强投喂并及时将繁殖过的亲虾捕起上市。每日投喂1~2次饲料，饲料可用鱼糜、绞碎的螺蚌肉、豆浆或市售的虾类开口饲料，沿池边泼洒。

投放幼虾模式：开春后4—5月份投放规格为150~300尾/千

克的幼虾 5 000 ~ 8 000 尾。初期水温较低，水深宜保持在 30 ~ 60 厘米，使水温尽快回升；后期因气温较高，应加高水位到 1 米以上。通过调节水深来控制水温，使水温保持在 20 ~ 30℃，最好为 26 ~ 28℃。在夏季的高温时期，有条件的还可在池边搭棚或在水面移植水葫芦等遮阴。养殖前期每半个月加水一次，中后期应每周加注新水，保持良好的水质和水色。

② 鱼虾混养。小龙虾与鱼种混养，是在池塘单养小龙虾的模式上，增投适当数量的鱼苗、鱼种。小龙虾种苗的投放时间和数量与小龙虾池塘单养模式基本一致。鱼苗的放养都是在虾种苗投放以后，即在 4—5 月份每亩投放水花鱼苗 2 万尾左右或夏花鱼种 1 万尾左右。鱼苗、鱼种的种类没有限制，因为小龙虾不能捕食活动正常的鱼苗和鱼种，而水花鱼苗和夏花鱼种对小龙虾也没有影响。这种养殖模式的小龙虾养殖产量通常能达到 150 千克/亩左右。

③ 虾蟹混养。养蟹的塘口相对浅滩较多，水草丰富，较适合于小龙虾自然生长和繁殖，以往小龙虾价格低的时候，养蟹者总是想方设法清除池中的小龙虾。近年来，随着小龙虾价格的上涨和市场的热销，促使养殖者减少河蟹的放养量，保护小龙虾生长、栖息和繁育的场所。在养殖过程中，小龙虾的种苗主要来自于池塘的自然繁殖，也有的投放外来苗种，一般小龙虾的苗种控制在 2 000 ~ 3 000 尾/亩；河蟹的放养量通常为 600 ~ 800 只/亩。养殖池中还需适当投放点鲢鱼、鳜鱼等品种。通常养殖产量为：小龙虾产量 50 ~ 75 千克/亩，河蟹也可达到 50 千克/亩以上。

（5）小龙虾种苗放养时的注意事项　① 经过长途干法运输后的小龙虾种苗，在放养时要注意让其充分吸水，排出头胸甲两侧鳃内的空气，然后放养下池；

② 如装运虾苗的水温与池塘水温相差较大，则应按塘水水温调节装运虾苗水温，等两者水温基本相同后再下塘放养；

③ 小龙虾种苗放养时不要堆放在同一位置，要全池多点放养；

④ 小龙虾种苗放养时尽量不要在网箱中暂养，如要暂养，则暂养时间不能太长，一般只能在 10 个小时以内，并且在网箱内设置充气增氧设备；

⑤ 虾鱼混养池中，虾苗要先放养，15 天后再放养鱼种。

五、投饲管理

小龙虾是杂食性动物，饲料的质量直接关系到小龙虾的体质和健康，直接关系到小龙虾的生长速度和对流行性疾病、暴发性疾病的抵抗能力。小龙虾的养殖要获得大的发展和取得大的效益，必须有好的高效饲料和合理投喂。

1. 小龙虾饲料的种类

小龙虾的基础饵料可以分为动物性饵料、植物性饵料、微生物饵料三大类。人工配合饲料则是在这三大类基础饵料上经过加工而成。这三类饲料的存在形式并不是截然分开的，例如部分微生物、低等藻类和一些离散氨基酸就可能和水体中的腐屑共同形成团粒状存在，成为小龙虾的辅助饵料来源。如果就动物性饵料和植物性饵料对比而言，动物性饵料优于植物性饵料，是小龙虾偏爱的饵料。水生动物性饵料又优于陆生动物性饵料。动物性饵料中，活饵的效果又最适于小龙虾的生长，养殖效果最好。

（1）动物性饵料 动物性饵料包括在虾塘中自然生长的种类和人工投喂的种类。虾塘中自然生长的种类有微小浮游动物、桡足类、枝角类、线虫类、螺类、蚌类、蚯蚓等，近海池塘一般还生长有丰年虫、钩虾、沙蚕等。人工投喂的包括小杂鱼粗加工品、鱼粉、虾粉、螺粉、蚕蛹和各类动物性饵料。

从鲜活饵料来讲，螺蛳、蚌类是虾类很喜食的动物，螺蛳的含肉率为 22%～25%，蚬类的含肉率为 20% 左右，是虾类喜欢摄食的动物性饵料。这些动物可以在池塘培养直接供虾类捕食，也可以人工投喂，饲喂效果良好。

鱼粉、蚕蛹是优秀的动物性干性蛋白源，特别是鱼粉产量大、来源广，是各类虾人工配合饲料中不可缺少的主要成分。从氨基酸组成成分来说，虾粉要优于鱼粉，是最好的干性蛋白源。蚕蛹是传统的虾类饲料。据测定，鲜蚕蛹含蛋白质 17.1%，脂肪 9.2%，营养价值很高。动物性油脂由于含有大量脂溶性维生素，也是虾类生长和生殖中重要的饵料。而浮游动物则是重要的虾类幼期饵料。

（2）**植物性饵料**　植物性饵料包括浮游植物、水生植物的幼嫩部分、浮萍、谷类、豆饼、米糠、花生饼、豆粉、麦麸、菜饼、棉籽饼、椰子壳粉、紫花苜蓿粉、植物油脂类、啤酒糟、酒精糟等。

谷物最好经发芽后投喂。由于麦芽（彩图38）中含有大量的维生素，对虾类的生长十分有利，维生素E对促进虾类的性腺发育有一定的作用。

在植物性饵料中，豆类是优秀的植物蛋白源，特别是大豆，粗蛋白质含量高达干物质的38%～48%，豆饼中的可消化蛋白质含量也高达40%左右。作为虾类的优秀的植物蛋白源，不仅是因为大豆含蛋白量高，来源易取，更重要的是因为其氨基酸组成和虾体的氨基酸组成成分比较接近。由于大豆粕含有胰蛋白酶抑制因子，需要用有机溶剂和物理方法进行破坏，这在目前很容易做到，已不成为使用的障碍。对于培养虾的幼体来说，大豆所制出的豆浆是极为重要的饵料，和单胞藻类、酵母、浮游生物等配合使用，成为良好的综合性初期蛋白源。菜饼、棉籽饼、椰子壳粉、花生饼、糠类、麸类都是优良的蛋白质补充饲料，适当的配比有利于降低成本和适合虾类的生理要求。

一些植物含有纤维素，由于大部分虾类消化道内具有纤维素酶，能够利用纤维素，所以虾类可以有效取食、消化一些天然植物的可食部分，并对生理机能产生促进作用。特别是很多水生植物干物质中含有丰富的蛋白质、B族维生素、维生素C、维生素E、维生素K、胡萝卜素、磷和钙，营养价值很高，是提高虾类生长速度的良好天然饵料。

（3）**微生物饵料**　微生物饵料可以划入动物性饵料中，目前使用不多，主要是酵母类。由于各类酵母含有很高的蛋白质、维生素和多种虾类必需氨基酸，特别是赖氨酸、维生素B、维生素D等含量较高。可以适当地使用在配合饲料中，比较常用的有啤酒酵母等。

目前在饲料开发中逐渐受到重视的活菌制剂，是由一种或几种有益微生物为主制成的饲料添加剂。可以在养殖对象体内产生或促进产生多种消化酶、维生素、生物活性物质和营养物质。有些制剂能够抑制病原微生物，维持虾体消化道中的微生物动态平衡，是一类有价值的新型饲料源。

（4）人工配合饲料　人工配合饲料是将动物性饵料和植物性饵料按照小龙虾的营养需求，确定比较合适的配方，再根据配方混合加工而成的饲料，其中还可根据需要适当添加一些矿物质、维生素和防病药物，并根据小龙虾的不同发育阶段和个体大小制成不同大小的颗粒（彩图39）。在饲料加工工艺中，必须注意到小龙虾的口器是咀嚼型，不同于鱼类吞食型口器，因此配合饲料要有一定的黏性，制成条状或片状，以便于小龙虾摄食。

小龙虾人工配合饲料配方：稚虾饲料蛋白质含量要求达到30%以上，成虾的饲料蛋白质含量要求达到20%以上。

稚虾饲料粗蛋白含量37.4%，各种原料配比为：秘鲁鱼粉20%，发酵血粉13%，豆饼22%，棉仁饼15%，次粉11%，玉米粉9.6%，骨粉3%，酵母粉2%，多种维生素预混料1.3%，蜕壳素0.1%，淀粉3%。

成虾饲料粗蛋白含量30.1%，配比为：秘鲁鱼粉5%，发酵血粉10%，豆饼30%，棉仁饼10%，次粉25%，玉米粉10%，骨粉5%，酵母粉2%，多种维生素预混料1.3%，蜕壳素0.1%，淀粉1.6%。其中豆饼、棉籽饼、次粉、玉米粉等在预混前再次粉碎，制粒后经两天以上晾干，以防饲料变质。两种饲料配方中，另加占总量0.6%的水产饲料黏合剂，以增加饲料耐水时间。

养殖生产上为降低养殖成本，应多途径、因地制宜地解决小龙虾饲料。可投喂小龙虾的动物性饲料有：小杂鱼、小虾、螺蚌肉、各种动物尸体、肉类加工厂的下脚料、蚕蛹和人工培育的鲜活饵料生物等。植物性饲料有：豆饼、豆渣、菜子饼、花生饼、玉米、大麦、小麦、麸皮、马铃薯、山芋、南瓜、西瓜皮、各种蔬菜嫩叶、陆草和水草等。

2. 饲料的保存

加工制粒后的饲料要正确保管，否则容易发生霉变。轻度霉变的饲料，会使虾生长速度减慢，采食量下降，消化率降低。严重霉变的饲料，会造成小龙虾中毒，甚至于死亡。对于采购的饲料，一定要检验是否霉变，一般通过闻气味、看颜色、看是否有结团现象、加热后辨别气味以及在显微镜下观察的办法来确定。对自制的饲料，一定要做好保管，控制引起霉变的途径，勤于检查，发现问题及时解决，才能保证饲料的保存质量。

饲料霉变的主要条件是饲料中含有水分，环境中高而适宜的温度、较大的湿度及合适的酸碱度，贮存场所的阴闷环境，过长的贮存时间等。预防虾类饲料的霉变，必须从以下几方面入手。

(1) 水分是决定饲料中霉菌能否生长的重要因素　在饲料中的水分可以分为结合水分和游离水分，游离水分是最容易引起霉变的原因。当原料中的水分含量大于 11% 时就可以出现游离水分，这些水分以微细水珠和汽化状态存在于空隙之中。而霉菌无处不在，一旦有水分可被利用，就可大量生长繁殖。如果饲料的总体水分达到 17% 以上，就已经是霉菌繁殖的适宜水分范围，应立即加以解决。特别是小龙虾饲料，由于有较多的鱼粉和油脂，极容易在潮湿环境下发生脂肪的酸败和霉变。杜绝的方法是除了使用高质量的油脂外，在多雨地区包装时一定要使用内加塑料薄膜内膜的套装纸袋，以便与相对湿度达到 80% 以上的外界环境隔绝，以防止风干后的饲料吸收外界水分。

(2) 高温也是霉变的重要条件　霉菌在自然界有数万种之多，主要营寄生和腐生生活，可以进行无性繁殖和有性孢子繁殖，但高效繁殖时必须有适宜的高温。例如，曲霉属和青霉属最适繁殖和产毒温度为 27～30℃，相对湿度为 70%～100%。如果要控制霉菌的发生，首先就要控制饲料自身环境达不到这两个条件。如果一旦有这种条件，饲料在 3～7 天就可以发生严重霉变。

(3) 相关微生物对饲料造成生物降解引起霉变　有时是几种微生物同时繁殖，有时是一个优势种大量繁殖所致。霉变过程中蛋白质、脂肪、糖类受到分解，造成饲料营养价值下降的同时产生大量霉菌毒素，导致饲料颜色和味感质量下降，严重者会造成小龙虾中毒死亡或引发多种疾病。饲料霉变中所产生的最主要的毒素是黄曲霉素，会导致虾的贫血、肝脏和其他内脏器官受到破坏，免疫力严重下降。

为了防止贮存中的饲料霉变，首先要注意贮存场所的通风条件，通风必须良好。养虾场一般相对湿度较高，所以特别要注意饲料在梅雨季节的贮存，避免相对湿度超过75%的贮存环境。一般环境下贮存也不要超过1周，最好随买随用，随制随用。对于配方中鱼粉和发酵血粉含量较多的饲料尤其要注意贮存条件。饲料编织袋中如果没有隔层塑料薄膜，贮存时不要和地面及墙壁直接接触。如果是自制饲料，注意每次制造量不要太多。对于销售单位，也要做到不积压过多产品，尽可能有计划地生产和销售。

为了防腐，小龙虾饲料可以添加防腐剂。对比于各类防腐剂，最好使用延胡索酸及酯类，因为这类防腐剂受酸碱度影响小，而且抗菌谱广，抗菌作用也强，能够有效地抑制微生物的生长和繁殖。但相对来说，延胡索酸抑菌周期较短，如果是饲料厂家，就要选用二丙酸铵之类作为防腐剂，抑菌周期可达1个月左右。当环境有潮气时，络合物即可离解发挥效力。值得注意的是，虾类饲料中的添加剂和高蛋白质，会降低防腐剂的作用。这些物质会在不同程度上将自由酸转化为相应的盐类，而脂肪类物质会强化有机酸的活性，保持其抑菌效果。为此，饲料配方中的脂肪比例一定要适宜。

3. 饲料的合理搭配

小龙虾喜欢摄食动物性饵料，但动物性饵料投喂比例高了会增加养虾成本。若主要投喂植物性饵料，则直接影响小龙虾的摄食和生长发育。因此，保持一定比例的优质动物性饲料，合理搭配投喂植物性饲料，对于促进小龙虾的生长发育至关重要。

根据养殖经验，全年合理投喂小龙虾饲料。一般动物性饲料占30%~40%，谷类饲料占60%~70%较为适宜（水草类不计算在内）。根据这样的比例，基本上能满足小龙虾的生长需要。这种精、粗、青相结合的饲料搭配投喂方法，在不同季节是有所侧重的。在开食的3—4月份，小龙虾摄食能力与强度较弱，要以投喂动物性饲料为主，6—9月份水温高，青饲料成长起来，可多喂些青料，10—11 月份小龙虾进入越冬期间，则要适当多喂些动物性饲料。

4. 饲料的投喂方法

一般每天投喂 2 次饲料，投饲时间分别在 07：00—09：00 和 17：00—18：00。在春季和晚秋水温较低时，也可一天喂一次，安排在 15：00—16：00 投喂。日喂 2 次应以傍晚为主，因为小龙虾有夜间摄食的习性。下午投饲量约占全天的 60%～70%。

日投饲量主要依据存塘小龙虾总量来确定。5—10 月份是小龙虾正常生长季节，每日投饲量可占体重的 5% 左右，且需根据天气、水温变化、小龙虾摄食情况有所增减。水温低时少喂，水温高时多喂。在 3—4 月份水温 10℃ 以上小龙虾刚开食阶段和 10 月份以后水温降到 15℃ 左右时，小龙虾摄食量不大，每天可按体重 1%～3% 投喂。一般以傍晚投喂的饲料第二天早上吃完为宜。当天气闷热、阴雨连绵或水质恶化、溶氧含量下降时，小龙虾摄食量也会下降，此时可少喂或不喂。

饲料应多投在岸边浅水处虾穴附近，也可少量投喂在水位线附近的浅滩上。每亩最好设 4～6 处固定投饲台，投喂时多投在点上，实行定点投喂，点、线、面结合，以点为主。水、陆草易干枯，要投在池边水中，以提高饲料利用率。由于小龙虾有一定的避强光习性，强光下出来摄食的较少，应将饲料投放于光线相对较弱的地方，如傍晚将饲料大部分放置在池塘西岸，上午将饲料多投在池塘东岸，可提高饲料利用率。

六、养成管理

1. 水质管理

虽然小龙虾对环境的适应力及耐低氧能力很强，甚至可以直接利用空气中的氧，但长时间处于低氧和水质过肥或恶化环境中会影响小龙虾的蜕壳速率，从而影响到小龙虾的生长。因此，水质是限制小龙虾生长，影响养虾产量的重要因素。小龙虾在不良的水质中摄食下降，甚至停止摄食，因而影响小龙虾的生长。不良的水质又可助长寄生虫、细菌等有害生物大量繁殖，导致疾病的发生和蔓延。水质严重不良时，还能造成小龙虾死亡，致使养虾的失败。在高密度池塘养殖小龙虾时，透明度要控制在40厘米左右，并根据季节变化及水温、水质状况及时进行调整，适时加水，换水，施追肥，营造一个良好的水质环境。

（1）**水位控制**　小龙虾的养殖水位根据水温的变化而定，掌握"春浅、夏满"的原则。春季一般保持在0.6~1.0米，浅水有利于水草的生长、螺蛳的繁育和幼虾的蜕壳生长。夏季水温较高时，水深控制在1.0~1.5米，有利于小龙虾度过高温季节。

（2）**适时换水**　平时定期或不定期加注新水，原则是蜕壳高峰期不换水，雨后不换水，水质较差时多换水，一般每隔7天换水1次。高温季节每隔2~3天换水1次，每次换水量为池水的20%~30%。使水质保持"肥、活、嫩、爽"，有条件的还可以定期地向水体中泼洒一定量的光合细菌、硝化细菌之类的生物制剂调节水体。

（3）**调节pH值**　每半月泼洒一次生石灰水，水深1米时，每亩用10千克，使池水pH值保持在7.5~8.5；同时可增加水体钙离子浓度，促进小龙虾蜕壳生长。

发现水质败坏，且出现小龙虾上岸、攀爬、甚至死亡等现象，必须尽快采取措施，改善水环境。具体方法如下。

① 先换部分老水，用溴氯海因（根据说明书要求的用量）对水体进行泼洒消毒后加注新水。

② 第二天用沸石粉、益水宝（苦草芽孢杆菌）全塘泼洒；

③ 以后每隔5天左右，定期向水体中泼洒微生态制剂。利用有益菌种制剂，使之形成优势菌群来抑制致病微生物的种群数量、生长、繁殖和危害程度，并分解水中有害物，增加溶氧，改善水质。如施用光合细菌、硝化细菌、蛭弧菌、芽孢杆菌、双歧杆菌、酵母菌等，均能起到上述作用。

（4）**微孔增氧设置**　微孔增氧在水产养殖中的应用，是近年来新发展起来的一项技术，具有防堵性强，水反渗入管器内少，气体运行阻力弱，水中噪声低，气泡小，增氧效果好，能提高氧利用率1~3倍，并能节能省本等特点。尤其在虾蟹养殖池中的应用，对提高养殖产量和出塘虾蟹规格起到了十分重要的作用。

（1）**风机功率选择** 一般选罗茨鼓风机或空压机（图4-10）。

图4-10 风机

风机功率一般每亩配备0.10~0.15千瓦，实际安装时可依水面面积来确定风机功率大小，如20~30亩水面（2~3个塘）可选3千瓦1台，30~50亩（5~6个塘）可选5.5千瓦1台。空压机功率应大一些。风机应安装在主管道中间，为便于连接主管道、降低风机产生的热量和风压，可在风机出气口处安装一只有2~3个接头的旧油桶（不能漏气）。

（2）**微孔管安装**（图4-11） 风机连接主管，主管将气流传送到每个池塘；微孔增氧管要布置在深水区离池底10~15厘米处，布设要呈水平或终端稍高于进气端，固定并连接到输气的塑料软支管上，支管再连接主管，形成风机—主管—支管（软）—微孔曝气管的三级管网，鼓风机开机后，空气便从主管、支管、微孔增氧管扩散到养殖水体中。主管内直径为5~6厘米，微孔增

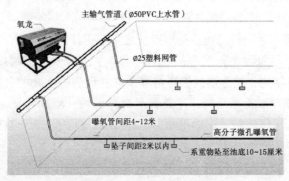

图4-11 微孔管安装示意图

氧管外直径 14～17 毫米，内直径 10～12 毫米的微孔管，管长不超过 60 米。

（3）注意事项　① 微孔增氧设备（彩图 40）的安装最好在秋冬季节，养殖池塘干塘后进行；

② 所有主、支管的管壁厚度都要能打孔固定接头；

③ 微孔管器不能露在水面上，不能靠近底泥，否则应及时调整；

④ 池塘使用微孔增氧管一般 3 个月不会堵塞，如因藻类附着过多而堵塞，捞起晒一天，轻打抖落附着物，或用 20% 的洗衣粉浸泡 1 小时后清洗干净，晾干再用。因此，微孔增氧管固定物不能太重，要便于打捞。

2. 日常管理

（1）保持一定的水草　水草对于改善和稳定水质有积极作用。漂浮植物水葫芦、水花生等最好拦在一起，成捆、成片，平时成为小龙虾的栖息场所，软壳虾躲在草丛中可免遭伤害，在夏季成片的水草可起到遮阴降温作用。

（2）早晚坚持巡塘　仔细观察小龙虾摄食情况，及时调整投饲量，并注意及时清除残饵，对食台定期进行消毒，以免引起小龙虾生病。为了能及时发现问题和总结经验，工作人员应早晚巡塘，注意水质变化，并做好详细记录，发现问题及时采取措施。所以，观察是池塘养虾日常管理的基础。

① 水温。每日 04：00—05：00 和 14：00—15：00 各测气温、水温一次。测水温应使用表面水温表，要定点、定深度。一般是测定虾池平均水深 30 厘米的水温。在池中还要设置最高、最低温度计，可以记录某一段时间内池中的最高和最低温度。

② 透明度。池水的透明度可反映水中悬浮物的多少，包括浮游生物、有机碎屑、淤泥和其他物质。它与小龙虾的生长、成活率、饵料生物的繁殖及高等水生植物的生长有直接的关系，是虾类养殖期间重点控制因素。测量透明度简单的方法是使用沙氏盘（透明度板）。透明度每日下午测定一次，一般养虾塘的透明度保持在 30～40 厘米为宜，透明度过小，表明池水混浊度较高，水太

肥，需要注换新水；透明度过大，表明水太瘦，需要追施肥料。

③ 溶氧。每日黎明前和 14：00—15：00，各测一次溶氧，以掌握虾池中溶氧的变化动态。溶氧测定可用比色法或溶氧仪测定，池中水的溶氧含量应保持在 3.5 毫克/升以上。

④ pH 值、氨氮、亚硝酸盐、硫化氢等指标。养虾池塘要求 pH 值在 7.0 ~ 8.5，氨氮控制在 0.6 毫克/升以下，亚硝酸盐在 0.01 毫克/升以下。

⑤ 生长情况的测定。每周或 10 天测量虾体长一次，每次测量不少于 30 尾，在池中分多处采样。测量工作要避开中午的高温期，以早晨或傍晚最好，同时观察虾胃的饱满度，调节饲料的投喂量。

（3）定期检查、维修防逃设施　遇到大风、暴雨天气更要注意，以防损坏防逃设施而逃虾。

（4）严防敌害生物危害　有些养虾池鼠害严重，一只老鼠一夜可吃掉上百只小龙虾，鱼鸟和水蛇对小龙虾也有威胁。要采取人力驱赶、工具捕捉、药物毒杀等方法彻底消灭老鼠，驱赶鱼鸟和水蛇。

（5）防治病害　小龙虾在池塘中由于密度较高，水质易恶化而导致生病，要注意观察小龙虾活动情况，发现异常如不摄食、不活动、附肢腐烂、体表有污物等，可能是患了某种疾病，要抓紧做出诊断，迅速施药治疗，减少小龙虾死亡。

（6）塘口记录　每个养殖塘口必须建立塘口记录档案，记录要详细，由专人负责，以便总结经验。

第二节　稻田养殖技术

在稻田里养殖小龙虾，是利用稻田的浅水环境，辅以人为措施，既种稻又养虾，以提高稻田单位面积效益的一种生产模式。由于小龙虾对水质和饲养场地的条件要求不高，加之我国许多地区都有稻田养鱼的传统，在养鱼效益下降的情况下，推广稻田养殖小龙虾，可有效提高稻田单位面积的经济效益。稻田饲养小龙虾可为稻田除草、除害虫，少施化肥、少喷农药，养虾稻田一般水稻产量可增加 5% ~ 10%，同时每亩能增产小龙虾 80 千克左右。有些地区还采取稻虾轮作的模式，特别是那些只能种植一季稻的低湖田、冬泡田、冷浸田，采取中稻和小龙虾轮作的模式，经济效益很可观。在不影响中稻产量的情况下，每亩可出产小龙虾 50 ~ 100 千克。要注意的是稻田饲养小龙虾，对稻田的施肥及用药有一定的要求，施肥应施有机农家肥，而不要使用化肥特别是不能使用氨水及碳酸氢铵。用药要讲究方法，应施用无公害的生物制剂，特别是要禁用菊酯类杀虫剂，同时加强稻田的水质管理。

一、养虾稻田的选择与工程建设

1. 养虾稻田的选择

选择水质良好（符合国家养殖用水标准）、水量充足、周围没有污染源、保水能力较强、排灌方便、不受洪水淹没的田块进行稻田养虾，面积少则十几亩，多则几十亩、上百亩都可，面积大比面积小要好（彩图 41 和彩图 42）。

2. 田间工程建设

养虾稻田田间工程建设包括田埂加宽、加高、加固，进、排水口设置过滤及防逃设施，环形沟、田间沟的开挖，安置遮阴篷等

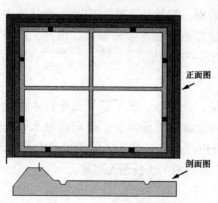

正面图

剖面图

图 4 - 12　田间工程示意

工程（图 4 - 12）。沿稻田田埂内侧四周开挖环形养虾沟，沟宽 1.0 ~ 1.5 米，深 0.8 米，田块面积较大的，还要在田中间开挖"十"字形、"井"字形或"日"字形田间沟，田间沟宽 0.5 ~ 1.0 米，深 0.5 米，环形虾沟和田间沟面积约占稻田面积 5% ~ 10%。利用开挖环形虾沟和田间沟

挖出的泥土加固、加高、加宽田埂，平整田面，田埂加固时每加一层泥土都要进行夯实，以防以后雷阵雨、暴风雨时田埂坍塌。田埂顶部应宽 3 米以上，并加高0.5～1.0 米。排水口要用铁丝网或栅栏围住，防止小龙虾随水流而外逃或敌害生物进入。进水口用 20 目的网片过滤进水，以防敌害生物随水流进入。进水渠道建在田埂上，排水口建在虾沟的最低处，按照高灌低排格局，保证灌得进，排得出。还可在离田埂 1 米处，每隔 3 米打一处 1.5 米高的桩，用毛竹架设，在田埂边种瓜、豆、葫芦等，待藤蔓上架后，在炎夏起到遮阴避暑的作用。在稻田四周用塑料薄膜、水泥板、石棉瓦或钙塑板建防逃墙，以防小龙虾逃逸。

二、虾苗放养前的准备

1. 清沟消毒

放虾前 10～15 天，清理环形虾沟和田间沟，除去浮土，修正垮塌的沟壁。每亩稻田环形虾沟用生石灰 20～50 千克，或选用其他药物，进行彻底清沟消毒，杀灭野杂鱼类、敌害生物和致病菌。

2. 施足基肥

放虾前 7～10 天，在稻田环形沟中注水 20～40 厘米，然后施肥培养饵料生物。一般结合整田每亩施有机农家肥 100～500 千克，均匀施入稻田中。农家肥肥效慢，肥效长，施用后对小龙虾的生长无影响，还可以减少日后施用追肥的次数和数量，因此，稻田养殖小龙虾最好施有机农家肥，一次施足。

3. 移栽水生植物

环形虾沟内栽植轮叶黑藻、金鱼藻、眼子菜等沉水性水生植物，在沟边种植蕹菜，在水面上浮植水葫芦等。但要控制水草的面积，一般水草占环形虾沟面积的40%～50%，以零星分布为好，不要聚集在一起，这样有利于虾沟内水流畅通无阻塞。

4. 过滤及防逃

进、排水口要安装竹箔、铁丝网及网片等防逃、过滤设施，严防敌害生物进入或小龙虾随水流逃逸。

三、虾苗放养

小龙虾放养方法有以下两种。

①在稻谷收割后的 9 月上旬将种虾直接投放在稻田内，让其自行繁殖，根据稻田养殖的实际情况，一般每亩放养个体在 40 克/尾以上的小龙虾 20 千克，雌雄性比为 3 : 1。

②在 5 月份水稻栽秧后，投放规格为 150 ~ 300 尾/千克的幼体虾 3 000 ~ 4 000 尾/亩。小龙虾在放养时，要注意幼虾的质量，同一田块放养规格要尽可能整齐，放养时一次放足。在晴天早晨或阴雨天放养，放养虾种时用 3% ~ 4% 的食盐水浴洗 10 分钟消毒，高温天气进种苗要谨慎消毒，最好是进种苗时不用食盐水浴洗，进完种苗后用 10 千克/亩的生石灰对水体消毒。

四、小龙虾的养殖管理

1. 日常管理

每天早、晚坚持巡田，观察沟内水色变化和虾活动、吃食、生长情况。田间管理主要集中在水稻晒田、用药和防逃防害方面。稻谷晒田宜轻烤，不能完全将田水排干。水位降低到田面露出即可，而且时间要短，发现小龙虾有异常反应时，则要立即注水。小龙虾对许多农药都很敏感，稻田养虾的原则是能不用药时坚决不用，需要用药时则选用高效低毒的农药及生物制剂。施农药时要注意严格把握农药安全使用浓度，确保虾的安全。用药时应将农药喷洒于水稻叶面，尽量不喷入水中，而且最好分区用药。防治水稻螟虫，每亩用 200 毫升 18% 杀虫双水剂加水 75 千克喷雾；防治稻飞虱，每亩用 50 克 25% 扑虱灵可湿性粉剂加水 25 千克喷雾；防治稻条斑病、稻瘟病，每亩用 50% 消菌灵 40 克加水喷雾；防治水稻纹枯病、稻曲病，每亩用增效井岗霉素 250 毫升加水喷雾。水稻施用药物，应尽量避免使用含菊酯类的杀虫剂，以免对小龙虾造成危害。喷雾水剂宜在下午进行，因稻叶下午干燥，大部分药液吸附在水稻上。同时，施药前田间加水至 20 厘米，喷药后及时换水。

2. 饲养管理

稻田养殖小龙虾基肥要足，应以施腐熟的有机肥为主，在插秧前一次施入耕作层内，达到肥力持久长效的目的。追肥一般每月一次，尿素 5 千克/亩，复合肥 10 千克/亩，或施有机肥。禁用对小龙虾有害的化肥如氨水和碳酸氢铵。施追肥时最好先排浅田水，让虾集中到环沟、田间沟之中，然后施肥，使化肥迅速沉积于底层田泥中，并为田泥和水稻吸收，随即加深田水至正常深度。

稻田养虾一般不要求投喂，在小龙虾的生长旺季可适当投喂一些动物性饲料，如绞碎的螺、蚌及屠宰厂的下脚料等。8—9 月份以投喂植物性饲料为主，10—12 月份多投喂一些动物性饲料。日投喂量按虾体重的 6% ~ 8% 安排。冬季每 3 ~ 5 天投喂 1 次，日投喂量为在田虾体重的 2% ~ 3%。从翌年 4 月份开始，逐步增加投喂量。8—9 月份高温季节的水质管理，每 10 天换 1 次水，每次换水 1/3；每 20 天泼洒 1 次生石灰水调节水质。日常管理每天巡田检查一次。做好防汛防逃工作。维持虾沟内有较多的水生植物，数量不足要及时补放。大批虾蜕壳时不要冲水，不要干扰，蜕壳后增喂优质动物性饲料。

五、养殖模式的选择

小龙虾稻田养殖主要模式有以下三种。

1. 稻虾连作

稻虾连作是指在稻田中种一季稻谷后养一茬小龙虾，如此循环进行。稻虾连作最好是选择中稻品种，中稻插秧季节比早稻迟，有利于下年稻田插秧前收获更大更多的小龙虾。晚稻收割季节迟，不宜在稻谷收割后投放种虾，因此时的养虾已过最佳繁殖期。

方法是：选择中稻品种种一季稻谷。待稻谷收割后立即灌水，投放小龙虾种虾 20 千克/亩，到第二年 5 月份中稻插秧前，将虾全部收获。小龙虾捕捞不尽的，下半年在中稻收获完毕后留作种虾，继续养虾每年只需补种约 10 千克/亩。这种模式在不影响中稻产量的情况下，可产小龙虾约 100 千克/亩。此种模式在湖北省荆门市沙洋县官当镇比较普遍。

2. 稻虾共生

稻虾共生是利用稻田的浅水环境，辅以人为措施，既种稻又养虾，以提高稻田单位面积的经济效益。由于小龙虾对水质和饲养场地的条件要求不高，加之我国许多地区都有稻田养鱼的传统，在种稻效益有限的情况下，推广稻虾共生，可有效提高稻田单位面积的经济效益。稻虾共生模式选择早、中、晚稻均可，但一年只种一季稻谷，且水稻品种要选择抗倒伏的品种，插秧时最好用免耕抛秧法（彩图 43 和图 44）。

稻田饲养小龙虾后可起到除草、除害虫的作用，使稻田少施化肥、少喷农药。一般稻虾共生可增加水稻产量 5% ～ 10%。在 8—9 月份放种虾 20 千克/亩或 3～4 月份放 3～4 厘米的幼虾 30 千克/亩，在稻谷生长期可增产小龙虾大约 50 千克/亩，在不种冬播的情况下连续养虾，可增加虾的产量 100 千克/亩，一年共产虾大约 150 千克/亩。湖北省荆门市沙洋县拾桥镇农民唐东峰采取的就是这种养殖模式。

3. 小龙虾和中稻轮作

目前，我国湖北大部分地区都采用小龙虾和中稻轮作模式进行养殖，资源得到充分利用，并且投入少、效益好。下面主要就小龙虾和中稻轮作技术做详细的介绍。

在有些地区，特别是湖区，有些低湖田、冬泡田或冷浸田一年只种植一季中稻。11 月份收割后，稻田空闲到第二年的 6 月份再种中稻。这些田采取小龙虾和中稻轮作，不影响中稻田的耕作，也不影响中稻的产量，每年每亩可收获小龙虾 150～200 千克，经济效益非常可观。是湖区广大农民种田致富的一个好门道，其方法如下。

（1）稻田的条件与准备　选择水质良好（水质符合国家规定渔业养殖用水标准）、水量充足、没有污染的大水体做水源，稻田应离水源较近，保水性能好，排灌方便，不会被洪水淹没。稻田的面积宜大，一般几十亩至上百亩。田埂较高，能灌注 40～60 厘米的水深（彩图 45）。田埂内沿四周开挖宽 1.0 ~ 1.5 米，深 0.8 米的环形养虾沟，面积较大的田，中间还要开挖"十"字形、"井"字形或"口"字形田间沟，沟宽 0.5 ~ 1.0 米，深 0.5 米（彩图 46）。环形养虾沟和田间沟面积约占稻田面积 5% ~ 10%。利用开挖环形虾沟和田间沟挖出的泥土加固、加宽、加高田埂，平整田面，田埂加固时每加一层泥土都要进行夯实，以防以后暴风雨时田埂坍塌。田埂顶部应宽 3 米以上，并加高 0.5 ~ 1.0 米，至少能灌注 0.4 ~ 0.6 米深的水，有条件的应在田埂上用网片或石棉瓦封闭，防止小龙虾逃逸。排水口要用铁丝网或铁栅栏围住，防止小龙虾逐水流而外逃或敌害生物进入。其他准备与前述的稻田养虾相同。

（2）**小龙虾的放养** 采取小龙虾与中稻轮作的模式，要一次放足虾种，分期分批轮捕（彩图 47）。中稻和小龙虾的轮作，在小龙虾的放养上有三种模式。

① 放种虾模式。第二年的 7—8 月份，在中稻收割之前 1 ~ 2 个月，往稻田的环形虾沟中投放经挑选的小龙虾亲虾。投放量为 18 ~ 20 千克/亩，高的可到 25 ~ 30 千克/亩，雌雄比例为 3:1。小龙虾亲虾投放后不必投喂，亲虾可自行摄食稻田中的有机碎屑、浮游动物、水生昆虫、周丛生物及水草。稻田的排水、晒田、割谷照常进行，在稻田排水、晒田时小龙虾亲虾会掘洞进入地下进行繁殖。中稻收割后将秸秆还田随即灌水，施放腐熟的有机草粪肥，培肥水质。待发现有较多幼虾活动时，可用地笼捕走大虾，并加强对幼虾的饲养和管理。在投放种虾这种模式中，小龙虾亲虾的选择很重要。选择的亲虾要求颜色暗红或黑红色，有光泽，体表光滑无附着物，个体大，雌、雄性个体重均在 40 克以上，最好雄性个体大于雌性个体，雌、雄性亲虾都要求附肢齐全，无损伤，体格健壮，活动能力强，亲虾离水时间要尽可能短。

② 放抱卵虾模式。每年的 9—10 月份，当中稻收割后，将稻草还田，用木桩在稻田中营造若干深 10 ~ 20 厘米左右的人工洞穴并立即灌水，稻田灌水后往稻田中投放抱卵虾。抱卵虾可来源于人工繁殖，也可以从市场收购，但人工繁殖的抱卵虾质量较好，

成活率较高。抱卵虾离水时间要尽可能短，所产卵粒要多，投放量为 12～15 千克/亩。抱卵虾投放后不必投喂人工饲料，但要投施一些牛粪、猪粪、鸡粪等腐熟的农家肥，培肥水质。抱卵虾可自行摄食稻田中的有机碎屑、浮游动物、水生昆虫、周丛生物、水草及猪、牛粪。待发现有幼虾活动时，可用地笼适时捕走大虾并加强对幼虾的饲养和管理。稻田中天然饵料生物不丰富的，可适当投喂一些人工饵料，如鱼糜、人工捞取的枝角类和桡足类、绞碎的螺、蚌肉等。

③放幼虾模式。每年的 10—11 月份当中稻收割后，用木桩在稻田中营造若干个深为 10～20 厘米的人工洞穴并立即灌水。往稻田中投施腐熟的农家肥，每亩投施量为 100～300 千克，均匀地投撒在稻田中，没于水下，培肥水质。往稻田中投放离开母体后的幼虾 2 万～3 万尾，在天然饵料生物不丰富时，可适当投喂一些鱼肉糜、绞碎的螺、蚌肉。动物饲料不丰富时，可适当投喂一些鱼肉糜、绞碎的螺、蚌肉及动物屠宰场和食品加工厂的下脚料等，也可人工捞取枝角类、桡足类，每日每亩可投 500～1 000 克或更多，人工饲料投在稻田沟边，沿边呈多点块状分布。

上述三种放养模式，稻田中的稻草尽可能多地留置在稻田中，呈多点堆积并没于水下浸沤。整个秋冬季，注重投肥、投草，培肥水质。一般每个月投 1 次水草，施一次腐熟的农家粪肥。天然饵料生物丰富的可不投饲料，天然饵料生物不足而又看见有大量幼虾活动时，可适当投喂鱼糜、绞碎的螺蚌肉、屠宰厂的下脚料、粮食和食品加工厂的下脚料（如三等粉等）人工饲料，也可人工捞取枝角类、桡足类投喂。当水温低于 12℃，可不投喂。冬季小龙虾进入洞穴中越冬，到第二年的 2—3 月份水温更适合小龙虾。调控的方法是：白天有太阳时，水可浅些，让太阳晒水以便水温尽快回升；晚上、阴雨天或寒冷天气，水应深些，以免水温下降。开春以后，要加强投草、投肥，培养丰富的饵料生物，一般每半个月投一次水草，约 100～150 千克/亩；每个月投一次发酵的猪、牛粪，约 100～150 千克/亩。有条件的每日还应适当投喂 1 次人工饲料，以加快小龙虾的生长。可用的饲料有鲤鱼的人工配合饲料，饼粕、谷粉，绞碎的螺、蚌及动物屠宰场的下脚料等，投喂量按稻田存虾重量的 2%～6% 计算，傍晚投喂。人工饲料、饼粕、谷粉等在养殖前期每亩投量在 500 克左右，养殖中后期每亩可投 1 000～1 500 克；螺蚌肉可适当多投。3 月底用地笼开始捕虾，捕大留小，一直至 5 月底、6 月初稻田整田前，彻底干田，将田中的小龙虾全部捕起。以上三种模式中，以 7～8 月份投放种虾和 9—10 月份投放幼虾的模式较好。这两种模式都可在 10 月份饲养幼虾，比 9—10 月份放抱卵虾模式出幼虾的时间要早 20～30 天，越冬前的饲养期多 20～30 天对于第二年小龙虾的个体规格和产量有很大的影响，对于幼虾的越冬和提高越冬成活率，意义也很大。现在，湖北省有些地区由于没有开展小龙虾的人工繁殖，而准备养小龙虾的种虾，因而在中稻收割之后的 10—11 月份，才投放小龙虾的种虾，这种情况比 7—8 月份投放种虾模式和 9—10 月份投放幼虾模式的要晚 2 个月，因而小龙虾的个体规格和产量都比 7—8 月份投放种虾模式和 9—10 月份投放幼虾模式的要低很多。

六、稻田养殖小龙虾的捕捞

小龙虾生长速度较快，池塘饲养小龙虾，经过 3～5 个月饲养，成虾规格达到 30 克以上时，即可捕捞上市。3—4 月份放养的幼虾，5 月底 6 月初即可开始捕捞，7 月底集中捕捞，8 月份全部捕捞完毕；9—10 月份放养的幼虾，来年的 3 月份即可开始捕捞，5 月底可捕捞完毕。捕捞小龙虾的方法很多，可用虾笼、地笼网、手抄网等工具捕捉，也可用钓竿钓捕或用拉网拉捕，最后再干池捕捉。

需要注意的是小龙虾在捕捞前，稻田的防病治病要慎用药物，否则影响小龙虾回捕率，药物的残留也会影响商品虾的质量，导致市场销售障碍，影响养殖效益。稻田饲养小龙虾，只要一次放足虾种，经过 2 个月的饲养，就有一部分小龙虾能够达到商品规格。长期捕捞、捕大留小是降低成本、增加产量的一项重要措施。将达到商品规格的小龙虾捕捞上市出售，未达到规格的继续留在稻田内养殖，降低稻田小龙虾的密度，促进小规格的螯虾快速生长。在 5 月中旬至 7 月中旬，采用虾笼、地笼网起捕，效果较好。也可用抄网在虾沟中来回抄捕，最后在稻田割谷前排干田水，将虾全部捕获。

第三节　草荡、圩滩地养殖小龙虾

草荡、圩滩地养虾充分利用了大水面优越自然条件与丰富的生物饵料。具有省工、省饲、投资少、成本低，收益高等优点。可以将鱼、虾、蟹混养和水生植物共生，综合利用水域；可以实行规模经营，建立生产、加工、营销一体化企业，发挥综合效益和规模效益的优势。因此草荡、圩滩地养虾是利用我国大水面资源的一种有效途径。

一、养殖水体的选择及养虾设施的建设

草荡、圩滩地养虾，要求选择水源充沛、水质良好，水生植物和天然饵料资源比较丰富，水位稳定且易控制，水口较少的草荡、圩滩地，尤其以封闭式草荡、圩滩地最为适宜，起捕率和产量较高。

选择养虾的草荡、圩滩地，要根据虾的生活习性，搞好基础设施建设。开挖一定的虾沟或河道，特别是在一些水位浅的草荡、圩滩地。通常在草滩四周开挖，其面积占整个草荡的 30%（彩图48）。虾沟主要的作用是春季放养虾种、鱼种，冬季也可作为小龙虾栖息穴居的地方。

由于小龙虾有逆水上溯行为，因此在养殖区域要设置防逃设施，尤其是进、排水口需安装栅栏等防逃设施。

二、种苗放养前的准备

1. 清除敌害鱼类

对草荡、圩滩地养殖小龙虾危害较大的鱼类有黑鱼、鲤鱼、草鱼等，这些鱼类不但与小龙虾抢食底栖动物和优质水草，有的还

会吞食虾种和软壳虾。因此要在小龙虾种苗放养前进行一次彻底清除，方法是用几台功率较大的电捕鱼器并排前行，来回几次清除草荡、圩滩地内的敌害鱼类。

2. 改良水草种类和控制水草生长

草荡、圩滩地内水草覆盖面应保持在90%以上，水草不足时应移植伊乐藻、轮叶黑藻、马来眼子菜等小龙虾喜食且又不污染水质的水草。另外，根据草荡、圩滩地内水草的生长情况，不定期地割掉水草老化的上部，以便使其及时长出嫩草，供小龙虾摄食。

3. 投放足量螺蛳

草荡、圩滩地内清除敌害生物后开始投放螺蛳。螺蛳投放的最佳时间是2月底到3月中旬，螺蛳的投放量为400~500千克/亩，让其自然繁殖。当网围内的螺蛳资源不足时，要及时增补，确保网围内保持足够数量的螺蛳资源。

三、种苗放养

草荡、圩滩地的种苗放养有两种模式。

①7—9月份按面积每亩投放经挑选的小龙虾亲虾18~25千克，平均规格在40克以上，雌雄性比2:1或1:1。投放亲虾后不需投喂饲料，第二年的4—6月份开始用地笼、虾笼捕捞，捕大留小，年底保存一定数量的留塘亲虾，作为来年的虾苗来源。

②4—6月份按面积投放小龙虾幼虾，规格为50~100尾/千克，每亩投放25~30千克。通常两种放养量可达到50~75千克/亩的产量。虾种要一次放足，以后小龙虾自繁自育，满足养殖生产。

草荡、圩滩地放养小龙虾后，在开春也可以放养河蟹和鱼类，其放养量为每亩放养规格为50~100只/千克的一龄蟹种100~200只，鳜鱼种10~15尾，1龄鲢、鳙鱼种50~100尾，充分利用养殖水体，提高养殖经济效益。

四、饲养管理

1．投饵管理

饲料管理是草荡、圩滩地养虾的核心工作。首先要搞好饲料投喂。草荡、圩滩地养殖小龙虾一般采取粗养的方法。粗养即利用草荡、圩滩地内的天然饵料。为了提高养殖效益，粗养过程中也要适当投喂饵料。特别6—9 月份是小龙虾的生长旺期，投足饲料能提高养殖产量。饲料投喂要根据小龙虾投喂后的饱食度来调整投饲数。一般每天投喂 2 次，09：00 和 17：00 各投喂 1 次，日投饵量为2% ～5%。上午投料在水草深处，下午可投喂在浅水区。投喂后要检查吃食情况，一般投喂后 2 个小时吃完为宜。

2．水质管理

虾、鱼放养初期草荡、圩滩地水位可浅一些，随着气温升高，鱼虾蟹吃食能力增强，应及时通过水闸灌注新鲜水，使水深保持1.0～1.2 米，使小龙虾能在草滩觅食。7—8 月份气温高，可将水位逐渐加深并保持相对稳定，以增加鱼、虾、蟹的活动空间。秋季根据水质变化情况，及时补进新水，保持水质良好，利于小龙虾和河蟹的生长、肥育。

3．日常管理

（1）搞好水草移植　为了增加小龙虾适口的植物性饵料，提供良好的栖息、蜕壳场所，虾苗虾种放养前要移栽水草。如果水草被小龙虾吃完，还应及时补栽，确保草荡、圩滩地中始终有丰盛的水草。这样既可为小龙虾提供大量适口饵料，又起到保护其栖息和生长的作用。

（2）建立岗位管理责任制　实行专人值班，坚持每天早晚各巡田一次，严格执行以"四查"为主要内容的管理责任制。一查水位水质变化情况，定期测量水温、溶氧、pH 值等；二查小龙虾活动摄食情况；三查防逃设施完好程度；四查病敌害侵袭情况。发现问题立即采取相应的技术措施，并做好值班日记。

（3）做好防汛准备工作　草荡、圩滩地一般都处于地势低洼的水网地区，有的还有泄洪等任务。因而凡有条件的，都要备足一定的防汛器材，并提前搞好田埂、防逃设施的加固和网拦设备，避免因洪水漫荡造成鱼虾蟹的逃逸。

五、捕捞

小龙虾在饵料丰富、水质良好、栖息水草多的环境中生长迅速，捕捞可根据放养模式进行。放养亲本种虾的草荡、圩滩地，可在5—6月份用地笼开始捕虾，捕大留小，一直到9月天气转凉为止，9—10月份草荡、圩滩地中降低水位捕出河蟹和鱼类。小龙虾捕捞时要留下一部分性成熟的亲虾，9—10月份捕捞的抱卵虾要留下专池饲养，作为翌年养殖的苗种来源。

六、大水面增养殖小龙虾技术

对于浅水湖泊、草型湖泊、沼泽、湿地以及季节性沟渠等面积较大、又不利于鱼类养殖的水体可放养小龙虾。放养的方法是在7—9月份按面积每亩投放经挑选的小龙虾亲虾18~20千克，平均规格40克以上，雌雄性比2:1或1:1。投放亲虾后不需投喂饲料，第二年的4—6月份开始用地笼、虾笼捕捞，捕大留小，年亩产小龙虾商品虾可在50~75千克，以后每年只是收获，无需放种。此种模式需注意的是捕捞不可过度，如捕捞过度，来年的产量必然会大大降低，此时就需要补充放种。另外，此种模式虽然不需要补充放种和投喂饲料，但要注意培植水体中的水生植物，确保小龙虾有充足的食物。培植的方法是定期往水体中投放一些带根的沉水植物即可。

1. 养殖地点的选择及设施建设

（1）地点选择　发展小型湖荡养殖小龙虾，应优先选择那些水草资源茂盛、湖底平坦、常年平均水深在0.4~0.6米的湖泊浅水区，周围没有污染源，既不影响蓄洪行洪，又不妨碍交通。利用这样的地方，发展小龙虾增养殖，能达到预期的养殖效果。

（2）设施建设　在选好的养殖区四周，用毛竹或树棍作桩，塑料薄膜或密眼聚乙烯网作防逃设施材料。按照网围养蟹的要求，建好围栏养殖设施，可简易一些。每块网围养殖区的面积以30亩左右为宜，几百亩的大块网围区也可以。

2. 虾种放养

（1）放养前的准备工作

① 搞好清障除野。养殖区内的小树、木桩以及其他障碍物等，要设法清除，凶猛鱼类以及其他敌害生物也要彻底清除；

② 用生石灰或其他药物，彻底消毒；

③ 移栽或改良水生植物，设置聚乙烯网片、竹筒等，增设栖息隐蔽场所。

（2）放养虾种　虾种放养有秋冬放养和夏秋放养两种类型。

①秋冬放养。秋冬放养可在11—12月份进行，以放养当年培育的虾种为主。虾种规格要求在3厘米以上，规格整齐，体质健壮，无病无伤，每亩可放养4 000～6 000尾。

②夏秋放养。夏秋放养则以放养虾苗或虾种为主；每亩可放养虾苗1.2万～1.5万尾或放养虾种0.8万～1.0万尾，也可在5—6月份直接放养成虾，规格为25～30克/尾，每亩网围养殖区可放养3～5千克，并搞好雌、雄配比。通过饲养管理，让其交配产卵，孵化虾苗，实行增养结合。放养时间通常可安排在5—6月份。

3. 饲养管理

（1）搞好饵料投喂　小型湖荡养殖小龙虾，一般都是以利用天然饵料为主，只需在虾种、成虾放养初期，适量增设一些用小杂鱼加工成的动物性饵料即可。此外，在11—12月份也应补投一些动物性饵料，以补充天然饵料的不足。如果实行精养，放养的虾种数量较多，则可参照池塘养殖小龙虾进行科学投饵。

（2）搞好防汛防逃　小型湖荡养殖小龙虾，最怕的是汛期陡然涨水和大片水生植物漂流下来压垮围栏设施。因而要提前做好防汛准备，备好防汛器材，及时清理上游漂浮的水生植物，加高加固围栏设施。汛期专人值班，每天检查，确保万无一失。

（3）搞好清野除害　小型湖荡养殖小龙虾，由于水面大，围栏设施也比较简陋，因而凶猛鱼类以及其他敌害、小杂鱼等很容易进入。这些敌害和小杂鱼不仅危害小龙虾，而且与其争食物、争生存空间，影响小龙虾的生长。为此，要定期组织捕捞，将侵入的凶猛鱼类和野杂鱼捕出，清除敌害，以利小龙虾的生长。

4. 成虾捕捞

小型湖荡养殖小龙虾，商品虾的捕捞季节主要在6—9月份。捕捞的工具主要有地笼网、手抄网、托虾网等。应根据市场需求，有计划地起捕上市，实现产品增值。同时还要留下一定数量的亲虾，让其交配、产卵、孵幼，为下一年的成虾养殖，提供足够的优质种苗。

第四节　水生经济植物田（池）养殖小龙虾技术

一、水芹田养殖小龙虾

水芹田养殖小龙虾是利用水芹田8月份之前空闲季节养殖小龙虾，即8月至翌年2月种植水芹，2—8月份养殖小龙虾的一种种养结合的生产模式。

1. 水芹田改造工程

养殖小龙虾的水芹田四周开挖环沟和中央沟，沟宽为1～2米，沟深为50～60厘米，开挖的泥土用以加固池（田）埂，池埂高1.5米，压实夯牢，不渗不漏。水芹田养殖小龙虾需水源充足，溶氧含量在5毫克/升以上，pH值为7.0～8.5，排灌方便，进、排水分开，进、排水口用铁丝和聚乙烯双层密眼网扎牢封好，以防养殖虾逃逸和敌害生物侵入。同时配备水泵、增氧机等机械设备，每5亩水面配备1.5千瓦的增氧机。

2. 放养前准备

（1）清池消毒　每亩虾池水深10厘米用15～20千克茶粕清池消毒。

（2）水草种植　水草品种可选择苦草、轮叶黑藻、马莱眼子菜、伊乐藻等沉水植物，也可用水花生或蕹菜（空心菜）等水生植物，水草种植面积占虾池总面积的30%。

（3）**施肥培水**　虾苗放养前7天，每亩施放腐熟有机肥如鸡粪150千克，以培育浮游生物。

3．虾苗放养

在4—5月份每亩放养规格为150～300尾/千克的幼虾5 000～8 000尾。选择晴好天气放养，放养前先取池水试养虾苗，虾苗放养时温差应小于2℃。

4．饲养管理

（1）**饲料投喂**　饲料可使用绞碎的米糠、豆饼、麸皮、杂鱼、螺蚌肉、蚕蛹、蚯蚓、屠宰场下脚料或配合饲料等。根据不同生长阶段投喂不同产品，保证饲料营养与适口性，坚持"四定、四看"投饵原则。日投喂量为虾体重的3%～5%，分两次投喂，上午08：00投饲量占30%，下午17：00投饲量占70%。

（2）**水质调控**　①养殖池水：养殖前期（4—5月份）要保持水体有一定的肥度，透明度控制在25～30厘米。中后期（6—8月份）应加换新水，防止水质老化，保持水中溶氧充足，透明度应控制在30～40厘米，溶氧保持在4毫克/升以上，pH值为7.0～8.5。

②注换新水：养殖前期不换水，每7～10天注新水1次，每次10～20厘米。中后期每15～20天注换水1次，每次换水量为15～20厘米。

③生石灰泼洒：小龙虾养殖期间，每15～20天使用1次生石灰，每次用量为10千克/亩，兑水溶化随即全池均匀泼洒。

（3）**日常管理**　每天早晚各巡塘一次，观察水色变化、虾活动和摄食情况，检查池埂有无渗漏，防逃设施是否完好。生长期间一般每天凌晨和中午各开增氧机一次，每次1～2小时。雨天或气压低时，延长开机时间。

5．病害防治

坚持以防为主、综合防治的原则，如发现养殖虾患病，应选准药物，对症下药，及时治疗。

6．捕捞收获

7月底至8月初在环沟、中央沟设置地笼捕捞，也可在出水口

第四章　小龙虾成虾养殖技术

设置网袋，通过排水捕捞，最后排干田水进行捕捉。捕捞的小龙虾分规格及时上市或作虾种出售。

7．水芹的种植及其生长过程中应注意的问题

（1）**整地与施肥** 排干田水，每亩施入腐熟有机肥 1 500 ~ 2 000 千克，耕翻土壤，耕深 10 ~ 15 厘米，旋耕碎土，精耙细平，使田面光、平、湿润。

（2）**催芽与排种**

① 催芽时间。一般确定在排种前 15 天进行，通常 8 月上旬进行，当日均气温在 27 ~ 28℃时开始。

② 种株准备。从留种田中将母茎连根拔起，理齐茎部，除去杂物，用稻草捆成直径为 12 ~ 15 厘米的小束，剪除无芽或只有细小芽的顶梢。

③ 堆放。将捆好的母茎交叉堆放于接近水源的阴凉处，堆底先垫一层稻草或用硬质材料架空，通常垫高 10 厘米，堆高和直径不超过 2 米，堆顶盖稻草。

④ 湿度管理。每天早晚洒浇凉水一次，降温保湿，保持堆内温度为 20 ~ 25℃，促进母茎各节叶腋中休眠芽萌发。每隔 5 ~ 7 天于上午凉爽时翻堆 1 次，冲洗去烂叶残屑，并使受温均匀。种株 80% 以上腋芽萌发长度为 1 ~ 2 厘米时，即可排种。

排种时间一般在 8 月中下旬，选择阴天或晴天下午 16：00 后进行。将母茎基部朝外，梢头朝内，沿大田四周作环形排放，整齐排放 1 ~ 2 圈后，进入田间排种，茎间距 5 ~ 6 厘米。将母茎基部和梢部相间排放，并用少量淤泥压住，在后退时抹平脚印洞穴。

（3）**水肥管理** 水位管理分三个阶段。萌芽生长阶段：排种后日均气温仍在 24 ~ 25℃，最高气温达 30℃以上，田间保持湿润而无水层。如遇暴雨，及时抢排积水。排种后 15 ~ 20 天，当大多数母茎腋芽萌生的新苗已生出新根和放出新叶时，排水搁田 1 ~ 2 天，使土壤稍干或出现细丝裂纹，搁田后复水，灌浅水 3 ~ 4 厘米。旺盛生长阶段：随植株生长逐步加深水层，使田间水位保持在植株上部 3 厘米处，有 3 张叶片露出水面，以利正常生长。生长停滞阶段：当冬季气温降至 0℃以下时，临时灌入深水，水灌至植株全

部没顶为宜。气温回升后，立即排水，仍保持部分叶片露出水面，同时适时搞好追施肥料。搁田复水后施好苗肥，一般每亩施放25%复合肥10千克或腐熟粪肥1 000千克。以后看苗追肥1~2次，每次用尿素3~5千克/亩。

（4）**定苗除草**　当植株高5~6厘米时，进行匀苗和定苗。定苗密度为株间距4~5厘米，同时进行除草。

（5）**病虫害防治**　水芹的病虫害主要有斑枯病以及蚜虫、飞虱、斜纹夜蛾等。采用搁田、匀苗、氮磷钾配合施肥等，能有效地预防斑枯病。采用灌水漫虫法除蚜，即灌深水到全部植株没顶，用竹竿将漂浮水面的蚜虫及杂草向出水口围赶清除田外。整个灌、排水过程在3~4小时内完成。同时，根据查测病虫害发生情况选用药物，采用喷雾方法进行防治。

（6）**采收**　水芹栽植后80~90天即可陆续采收，直至翌年1~2月份。采收时将植株连根拔起，污泥用清水冲洗干净，剔除黄叶和须根，并切除根部，理齐捆扎。产品长度控制在60~70厘米，每扎重0.5千克或1千克，鲜菜装运上市。收割时沿池（田）边四周的水芹留下30~50厘米，作为小龙虾养殖时的栖息隐蔽场所。

二、藕田藕池养殖小龙虾

在藕田藕池中饲养小龙虾，是充分利用藕田藕池水体、土地、肥力、溶氧、光照、热能和生物资源等自然条件的一种养殖模式，能将种植业与养殖业有机地结合起来，可达到藕、虾双丰收，这与稻田养鱼养虾的情况有相似之处。我国华东、华南等地的藕田藕池资源丰富，但进行藕田藕池养鱼养虾的还很少，使藕田藕池中的天然生物饵料白白浪费，单位面积的藕田藕池的综合经济效益得不到充分体现。

栽种莲藕的水体大体上可分为藕池与藕田两种类型：藕池多是农村坑塘，水深多在50~180厘米，栽培期为4—10月份。藕叶遮盖整个水面的时间为7—9月份。藕田是专为种藕修建的池子，池底多经过踏实或压实。水浅，一般为10~30厘米，栽培期为4—9

月份。由于藕池的可塑性较小，利用藕池饲养小龙虾，多采用粗放的饲养模式。而藕田由于便于改造，可塑性较大，所以利用藕田饲养小龙虾，生产潜力较大，在这里着重介绍藕田饲养小龙虾技术。

1. 藕田的工程建设

选择饲养小龙虾的藕田，要求水源充足，水质良好，无污染，排灌方便和抗洪、抗旱能力较强。池中土壤的 pH 值呈中性至微碱性，并且阳光充足，光照时间长，浮游生物繁殖快，尤其以背风向阳的藕田为好。忌用有工业污水流入的藕田养殖小龙虾。

养虾藕田的建设主要有三项，即加固加高田埂、开挖虾沟、虾坑和修建进、排水口防逃栅栏。

（1）加固加高田埂　饲养小龙虾的藕田，为防止小龙虾掘洞时将田埂掘穿，引发田埂崩塌，在汛期和大雨后发生漫田逃虾。因此需加高、加宽和夯实池埂。加固的田埂应高出水面 40～50 厘米，田埂四周用塑料薄膜或钙塑板修建防逃墙，最好再用塑料网布覆盖田埂内坡，下部埋入土中 20～30 厘米，上部高出埂面 70～80 厘米；田埂基部加宽 80～100 厘米。每隔 1.5 米用木桩或竹竿支撑固定，网片上部内侧缝上宽度为 30 厘米左右的农用薄膜，形成"倒挂须"，防止小龙虾攀爬外逃。

（2）开挖虾沟、虾坑　为了给小龙虾创造一个良好的生活环境和便于集中捕虾，需要在藕田中开挖虾沟和虾坑。开挖时间一般在冬末或初春，并要求一次性建好。虾坑深 50 厘米，面积为 3～5 米²，虾坑与虾坑之间，开挖深度为 50 厘米，宽度为 30～40 厘米的虾沟。虾沟可呈"十"、"田"、"井"字形。一般小田挖成"十"字形，大田挖成"田"、"井"字形。整个田中的虾沟与虾坑要相通。一般每亩藕田开挖一个虾坑，面积约为 20～30 米²，藕田的进、排水口要呈对角排列，并且与虾沟、虾坑相通连接。

（3）进、排水口防逃栅栏　进、排水口安装竹箔、铁丝网等防逃栅栏，高度应高出田埂 20 厘米，其中进水口的防逃栅栏要朝田内安置，呈弧形或"U"字形安装固定，凸面朝向水流。注、排水时，如果水中渣屑多或藕田面积大，可设双层栅栏，里层拦虾，外层拦杂物。

2. 消毒施肥

藕田消毒施肥在放养虾苗前 10 ~ 15 天，每亩藕田用生石灰 100 ~ 150 千克，化水后全田泼洒，或选用其他药物对藕田和饲养坑、沟进行彻底清田消毒。饲养小龙虾的藕田，应以施基肥为主，每亩施有机肥 1 500 ~ 2 000 千克；也可以加施化肥，每亩用碳酸氢铵 20 千克，过磷酸钙 20 千克。基肥要施入藕田耕作层内，一次施足，减少日后施追肥的数量和次数。

3. 虾苗放养

小龙虾在藕田中饲养，放养方式类似于稻田养虾，但因藕田中常年有水，因此放养量要比稻田养虾稍大一些。直接放养亲虾：将小龙虾的亲虾直接放养在藕田内，让其自行繁殖，每亩放养规格为 20 ~ 40 尾/千克的小龙虾 15 ~ 20 千克；外购虾苗放养规格为 150 ~ 300 尾/千克小龙虾幼苗，每亩放养 3 000 ~ 4 000 尾。

在放养前要用浓度为 3% 左右的食盐水对虾苗虾种进行浸洗消毒 3 ~ 5 分钟，具体时间应根据当时的天气、气温及虾苗本身的耐受程度灵活确定，采用干法运输的虾种离水时间较长，要将虾种在田水内浸泡 1 分钟，提起搁置 2 ~ 3 分钟，反复几次，让虾种体表和鳃腔吸足水分后再放养。

4. 饲料投喂

藕田饲养小龙虾，投喂饲料同样要遵循"四定"的投饲原则。投饲量以藕田中天然饵料的多少与小龙虾的放养密度而定。投喂饲料要采取定点投喂，即在水位较浅，靠近虾沟虾坑的区域，拔掉一部分藕叶，使其形成明水投饲区。在投喂饲料的整个季节，遵守"开头少，中间多，后期少"的原则。

成虾养殖可直接投喂绞碎的米糠、豆饼、麸皮、杂鱼、螺蚌肉、蚕蛹、蚯蚓、屠宰场下脚料或配合饲料等，保持饲料蛋白质含量在 25% 左右。6—9 月份水温适宜，是小龙虾生长旺期，一般每天投喂 2 ~ 3 次，时间为上午 09：00—10：00 和日落前后或夜间，日投饲量为虾体重的 5% ~ 8%。其余季节每天投喂 1 次，于日落前后进行，或根据摄食情况于次日上午补喂一次，日投饲量为虾体重的1%～3%。饲料应投在池塘四周浅水处，小龙虾集中的地方可适当多投，以利其摄食和饲养者检查吃食情况。

饲料投喂需注意：天气晴好时多投，高温闷热、连续阴雨天或水质过浓则少投；大批虾蜕壳时少投，蜕壳后多投。

5. 日常管理

利用藕田饲养小龙虾的成功与否，取决于饲养管理的优劣。灌水藕田饲养小龙虾，在初期宜灌浅水，水深10厘米左右即可。随着藕和虾的生长，田水要逐渐加深到15～20厘米，以促进藕的开花生长。在藕田灌深水及藕的生长旺季，由于藕田补施追肥及水面被藕叶覆盖，水体常呈灰白色或深褐色。这时水体极易缺氧，在后半夜尤为严重。此时小龙虾常会借助藕茎攀到水面，将身体侧卧，利用身体一侧的鳃直接呼吸空气，以维持生存。

在饲养过程中，要采取定期加水和排出部分老水的方法，调控水质，保持田水溶氧含量在4克/升以上，pH值达到7.0～8.5，透明度为35厘米左右。每15～20天换一次水，每次换水量为池塘原水量的1/3左右。每20天泼洒一次生石灰水，每次每亩用生石灰10千克。在改善池塘水质的同时，增加池水中离子钙的含量，促进小龙虾蜕壳生长。藕田施肥主要应协调好藕和虾的矛盾，在虾健康生长的前提下，允许一定浓度的施肥。养虾藕田的施肥，应以基肥为主，约占总施肥量的70%，同时适当搭配化肥。施追肥时要注意气温低时多施，气温高时少施。为防止施肥对小龙虾生长造成影响，可采取半边先施、半边后施的方法交替进行。

6. 捕捞

藕田饲养小龙虾，可用虾笼等工具进行分期分批捕捞，也可一次性捕捞。若采取一次性捕捞，在捕捞之前将虾爱吃的动物性饲料集中投喂在虾坑虾沟中，同时采取逐渐降低水位的方法，将虾集中在虾坑虾沟中进行捕捞。

第五章　小龙虾的捕捞与运输

内容提要：小龙虾的捕捞；小龙虾的运输。

第一节　小龙虾的捕捞

小龙虾具有生长快的特性，从放养至收获只需很短的时间。由于小龙虾是蜕壳生长，在饲养过程中个体之间生长存在着较大的差异性，即使放养时规格较为整齐的苗种，收获也不是同步的。为了提高养殖产量，减少在养殖过程中因密度过大造成的小龙虾相互残杀，所以应设法降低养殖水体的生物承载量。当生长快的个体达到商品虾规格时，应采取轮捕轮放的方法捕捞上市。具体的做法应根据苗种放养模式选择。

一、捕捞工具

小龙虾的捕捞方法很多，使用的工具也较多。目前常见的捕捞工具主要有以下几种。

1. 虾笼

用竹篾编制成直径为 10 厘米的"丁"字形筒状笼子，两个入口置有倒须，虾只能进不能出。在笼内放入面粉团、麦麸等饵料，引诱小龙虾进入觅食，进行捕捉。通常傍晚放置虾笼，早晨收集虾笼取虾，挑选大规格商品虾销售，小虾继续放回池中进行养殖。

2. 抄网

该网又叫手抄网，制作简易，使用方便。捕虾时，用手抄网在水生植物下方或人工虾巢的下方抄捕，捕大留小，逐块水生植物抄捕，捕捞效果好（图5-1和图5-2）。

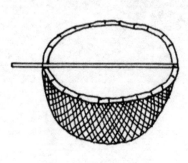

图5-1 圆形手抄网

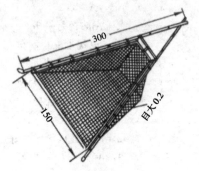

图5-2 三角抄虾网（单位：厘米）

3. 虾球

用竹片编制成直径为60～70厘米的扁圆形空球，内填竹梢、刨花等。顶端系一塑料绳，用泡沫塑料作浮子即成。将虾球放入池塘或其他养殖水域，定期用手抄网将集于虾球上的小龙虾捕上来。

4. 拖网

用聚乙烯网片制作，类似捕捞夏花的渔网。拖网主要用于集中大捕捞，先将虾池水排出大部分，再用拖网拖捕。

5. 地笼网

分为两种：一种是体积较大的定置地笼网，不需要每天重复收起、放下，每天只需分两次从笼梢中取出小龙虾即可（小龙虾多的池塘需要数次）。7～10天收起地笼网冲洗一次，洗干净后

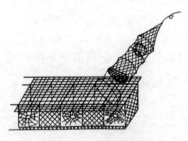

图5-3 地笼示意图

再放入池中继续使用；另一种地笼网体积较小，每日必须数次重复放下、收起、取虾（图 5-3 和彩图 49）。

目前使用较多的、效果较好的捕捞方法是采用地笼网捕捞。地笼网捕虾需注意以下几点。

① 在捕捞前禁止使用任何药物或起捕日期必须定在休药期之后；

② 购买地笼网时要注意它的做工，选择捕获量高的地笼网；

③ 地笼网的网眼要控制好，不可卡住未达到上市规格的虾种及虾苗；

④ 地笼网下好后，笼梢必须高出水面，有利于进笼的小龙虾透气；

⑤ 地笼网下好后要注意经常观察，地笼网中的小龙虾数量不可堆积过多，否则会造成小龙虾的窒息死亡；

⑥ 地笼网使用 7~10 天后必须要进行彻底的冲洗、曝晒，有利于提高捕获量；

⑦ 捕获起的虾要及时进行分拣，未达上市规格的虾要及时放回原池中，不可挤压，不可离水时间过长。

二、轮捕轮放

1. 春季放养苗种的轮捕轮放

早春一次性放足苗种，经过了 3~4 个月的养殖，一般在 7—8 月份进行捕捞，捕大留小，当捕捞一段时间后，池中小龙虾数量减少，应适时补充一定数量的小龙虾苗种，待第一批放养的小龙虾捕捞结束后，第二批放养的就可以陆续捕捞上市。

2. 秋季放养种虾的轮捕轮放

秋季放养小龙虾的亲虾或抱卵虾，至第二年 4—5 月份开始陆续捕捞上市，同时投放一定数量的当年苗种，填补捕捞后的池塘空缺。通过轮捕轮放，控制池塘内虾苗的存塘量，保持适当密度有利提升养殖产量，提高经济效益。

第二节　小龙虾的运输

小龙虾的运输分为幼虾（虾苗、虾种）运输与商品虾运输。

幼虾运输目前通常采用塑料周转箱添加水草运输，注意运输时装箱厚度不宜过大，运输过程中要注意保持虾体湿润，避免阳光直射。也有采用氧气袋充气运输的，但需注意运输个体不宜过大，大规格幼虾的额剑很易刺破氧气袋，造成运输的失败。商品小龙虾由于生命力很强，离水后可以成活很长时间，因此商品小龙虾的运输相对方便、简单。

一、幼虾运输

这是虾种生产和市场流通的一项重要技术环节。通过运输，将虾种快速、安全地送到养虾生产目的地。小龙虾虾种运输有干法运输和带水充氧运输两种方法。干法运输多采用竹筐或塑料泡沫箱装运。容器中先铺上一层湿水草，然后放入部分虾种，其上再盖一层水草，继续放入部分虾种，每个容器中可放入多层虾种。需要注意的是，用塑料泡沫箱作为装放虾种的容器时，要先在泡沫箱上开几个小孔，防止虾种因缺氧而窒息死亡。带水充氧运输时，每个充氧尼龙袋中要先放入少量水草或一小块网片，每袋的运输数量一般为300～500尾，充足氧气，加上外包装箱即可。运输用水最好取幼虾培育池或暂养池水，水温要与育种池池水水温一致。为避免虾种自相残杀，包装运输之前要投喂一次通过40目塑料网布过滤的蒸熟鸡蛋，以虾种吃饱为准，然后彻底清除虾种捆箱内的残饵和脏物，保证虾种计数的准确及运输水质的清洁卫生。

为了确保运输安全，提高运输成活率，运输前要做好运输器具、充氧、包装设备、运输工具等各项准备工作，并准确计算路途时间，选择适宜装运密度。必要时，应做虾种装袋密度的梯度试验，特别是在大批量长途运输时，更要这样做。

二、成虾运输

小龙虾成虾运输多采用干法运输，在运输的过程中，要讲究运输方法。首先，要挑选体质健壮、刚捕捞的小龙虾进行运输。运输容器以竹筐、塑料泡沫箱均可，最好每个竹筐或塑料泡沫箱装同样规格的小龙虾。先将小龙虾摆上一层，用清水冲洗干净，再摆第二层，摆到最上一层后，铺一层塑料编织袋，浇上少量水后，撒上一层碎冰。每个装虾的容器要放 1.0 ~ 1.5 千克碎冰，盖上盖子封好。用塑料泡沫箱作为装虾苗的容器时，要事先在泡沫箱上开几个孔隙。其次，要计算好运输的时间。正常情况下，运输时间控制在 4 ~ 6 个小时。如果时间长，中途应再次打开容器浇水撒冰，如果中途不能打开容器加水加冰，事先就要多放些冰，防止小龙虾由于长时间处于高温干燥条件而大量死亡。装虾的容器不要堆积得太高。正常在 5 层以下，以免堆积过高，压死小龙虾。在小龙虾的储藏与运输过程中，死亡率正常控制在 2% ~ 4%。超过这个比例就要改进储运方案。

三、注意事项

为了提高运输的成活率，减少不必要的损失，在小龙虾运输过程中需注意以下几点。

① 在运输前必须对小龙虾进行挑选，尽量挑选体质强壮、附肢齐全的个体进行运输，剔除体质差、病弱有伤的个体；

② 运输小龙虾前进行停食、暂养，让其肠胃内的污物排空，避免运输途中的污染；

③ 选择合适的包装材料，短途运输只需用塑料中转箱，上、下铺设水草，中途保持湿润即可，长途运输必须用带孔的隔热硬泡沫箱，加冰、封口、低温运输；

④ 包装过程中要放整齐，堆压的高度不宜过大，一般不超过40 厘米，否则会造成底部的虾因挤压而死亡；

⑤ 有条件的，在整个运输过程中，温度控制在 1 ~ 7℃，使小龙虾处于半休眠状态，减少氧气的消耗及活动量，防止小龙虾脱水死亡，提高运输的成活率。

第六章　小龙虾的病害防治

一、病害的预防

虾病的发生是病原体、环境和宿主三者相互作用的结果。相对于蓬勃发展的虾类养殖业，虾病的研究历史相对较短。目前对许多问题尚未完全了解，特别是虾类的病毒性疾病，至今仍不能有效治疗。因此，对待虾病应立足于"无病先防、有病早治、以防为主、防治结合"的十六字方针。只有从提高小龙虾体质、改善和优化环境、切断病原体传播途径等方面着手，开展综合防治和推广健康养殖模式，才能达到虾病防重于治的目的。具体预防措施如下。

① 根据养殖经验，在虾病流行季节前和虾病流行季节期间，定期用药物泼洒全池，如漂白粉、生石灰水等，改良水质，杀灭水中致病菌，起到预防虾病的作用；

② 在虾种投放前，用食盐水、高锰酸钾等对其进行体表消毒。如食盐水浸洗：采用1%～2%的食盐水浸洗虾种或亲虾10～15分钟后，再放入虾池，有预防疾病的效果；

③ 根据小龙虾不同生长时期的习性，将药物拌入饲料中制成浮性药饵或沉性药饵投喂，达到预防的目的；

④ 采用泼洒、投喂、浸泡中草药制剂预防虾病，效果好，节

约成本，能及时解决生产过程中的实际问题；

⑤ 养殖生产中使用的渔具，须在阳光下曝晒进行消毒。木桶、塑料桶类容器，可采用石灰水浸泡处理，以达到预防效果。

二、小龙虾主要疾病及防治

1. 白斑综合征病毒病

白斑综合征病毒（WSSV）是迄今为止危害最为严重的一种小龙虾病毒。该病在长江下游地区的发病时间为 4—7 月份，每年给小龙虾养殖业造成巨大经济损失。

病原与病症：该病由白斑综合征病毒引起的感染，感染后小龙虾主要表现为活力低下，附肢无力，应激能力较弱，大多分布于池塘边，体色较暗，部分头胸甲等处有黄白色斑点。解剖可见空的胃肠道，一些病虾有黑鳃症状，部分肌肉发红或呈白浊样。养殖池塘中一般大规格虾先死亡，在长江下游地区 7 月中旬停止传播。

防治方法：

① 做好苗种的检疫和消毒，放养健康、优质的种苗。种苗是小龙虾养殖的物质基础，是发展其健康养殖的关键环节。选择健康、优质的种苗可以从源头上切断 WSSV 的传播链。

② 控制好适宜的放养密度。苗种放养密度过大容易导致虾体互相刺伤，大量的排泄物、残饵和虾壳、浮游生物的尸体等不能及时分解和转化，产生非离子氨、硫化氢等有毒物质，致使小龙虾体质下降，抵抗病害能力减弱。

③ 及时喂养精饲料，提高虾的抗病力。适时投喂抗生素药饵，进行早期预防。

④ 改善栖息环境，加强水质管理，移植水生植物，定期清除池底过厚淤泥，勤换水，可以使用适量的微生物制剂如光合细菌、EM 菌等，调节池塘水生态环境。

⑤ 在养殖过程中应认真处理好死亡的病虾，在远离养殖塘处掩埋，杜绝病毒的进一步扩散。

2. 烂鳃病

病原与病症：病原为细菌；症状为病虾鳃丝发黑，局部霉烂。

防治方法：

①经常清除虾池中的残饵、污物，注入新水，保持良好的水体环境，保持养殖环境的卫生安全，保持水体中溶氧在 4 毫克/升以上，避免养殖水体污染；

②每立方米水体用 2 克漂白粉全池泼洒，可以起到较好的治疗效果。

3. 黑鳃病

此病主要是由于水质污染严重，小龙虾鳃丝受霉菌感染所引起。其症状是鳃由红色变为褐色或淡褐色，直至完全变黑，引起鳃萎缩。病虾往往伏在岸边不动，最后因呼吸困难而死。

防治方法：

①保持饲养水体清洁，溶氧充足，水体定期泼洒一定浓度的生石灰，进行水质调节；

②把患病虾放在每立方米水体含 3%～5% 食盐的食盐水中浸洗 2～3 次，每次 3～5 分钟，或每立方米水体用亚甲基蓝 10 克全池泼洒。

4. 烂尾病

烂尾病是由于小龙虾受伤、相互残食或被几丁质分解细菌感染而引起的。感染初期病虾尾部有水泡，导致尾部边缘溃烂、坏死或残缺不全。随着病情恶化，尾部溃烂由边缘向中间发展，严重感染时病虾整个尾部被吞噬。

防治方法：

① 运输和投放虾苗虾种时，不要堆压和损伤虾体；

② 饲养期间饲料要投足、投均匀，防止虾因饵料不足，相互争食或残杀；

③ 发生此病，每立方米水体用 15～20 克茶粕浸泡液全池泼洒；或每亩用 5～6 千克生石灰全池泼洒。

5. 聚缩虫病

病原为聚缩虫；症状为小龙虾难以顺利蜕壳，病虾往往夭折在蜕壳之中，同时影响小龙虾的正常活动和呼吸。幼体、成虾均可发生，对幼虾危害较严重，成虾多在低温时大量寄生。

防治方法：

① 彻底清塘，杀灭池中的病原，对该病有一定的预防作用；

② 发生此病可通过大量换水，降低池中聚缩虫密度，减少对小龙虾的危害。

6. 纤毛虫病

纤毛虫病最常见的病原体有累枝虫和钟形虫等。纤毛虫附着在成虾和虾苗的体表、附肢、鳃上等，大量附着时会妨碍虾的呼吸、游泳、活动、摄食和蜕壳机能，影响小龙虾生长、发育。尤其在虾鳃上大量附着时，影响小龙虾鳃丝的气体交换，甚至会引起虾体缺氧而窒息死亡。幼苗在患病期间体表覆盖一层白色絮状物，致使幼体活动力减弱，影响幼体的发育变态。

防治方法：

① 保持合理的放养密度，注意虾池的环境卫生，经常更换新水，保持水质清新；

② 用3%～5%的食盐水浸洗，3～5天为一个疗程；

③每立方米水体用25～30克福尔马林溶液浸洗4～6小时，连续治疗2～3次。

7. 虾中毒症

小龙虾对有机和无机化学物质非常敏感，超限都可发生中毒。能引起虾中毒的物质统称为毒物，其量为 10^{-6}（毫克/升）和 × 10^{-9}（微克/升）。

（1）病因 能引起小龙虾中毒的化学物质甚多，其来源主要有池中有机物腐烂分解、工业污水排放进入虾池以及农药、化肥和其他药物进入虾池等。

① 池中残饵、排泄物、水生植物和动物尸体等经腐烂、微生物分解产生大量氨、硫化氢、亚硝酸盐等物质，侵害、破坏鳃组织和血淋巴细胞的功能而引发疾病。如虾池中氨（ NH_3 ）、亚硝酸基（ NO_2^- ）含量高时，会出现黑鳃病。亚硝酸盐浓度超过3毫克/升时，可引起虾慢性中毒，鳃变黑。

② 工业污水中含有汞、铜、镉、锌、铅、铬等重金属元素、石油和石油制品以及有毒的化学成品，使虾类中毒，生长缓慢，直至死亡。工业污水中的多种有毒物质，在毒性上尚存在一定的累加作用和协同作用，从而增加了对小龙虾的毒害。

③ 小龙虾对许多杀虫剂农药特别敏感。目前虽然有机氯杀虫剂和农药的生产和使用在我国已受到严格控制，但小龙虾对有机磷农药也极其敏感，例如敌百虫、敌杀死、马拉硫磷、对硫磷等是虾类的高毒性农药，除直接杀伤虾体外，也能致使虾肝胰腺发生病变，引起慢性死亡。

（2）病症 临床观察可见两类症状：一类是慢性发病，小龙虾出现呼吸困难，摄食减少以及零星发生死亡，随着疫情发展死亡率增加，这类疾病多数是由池塘内大量有机质腐烂分解引起的中毒；另一类是急性发病，多由于工业污水和有机磷农药等所致，小龙虾出现大批死亡，尸体上浮或下沉，在清晨池水溶解氧量低下时更为明显。在尸体剖检时，可见鳃丝组织坏死变黑，但鳃丝表面无纤毛虫、丝状菌等有害生物附生，在显微镜下也见不到原虫和细菌、真菌。

（3）防治措施   ① 详细调查虾池周围的水源，诸如有无工业污水、生活污水、稻田污水及生物污水等混入；检查虾池周围有无新建排污工厂、农场，池水来源改变情况等。

② 立即将存活虾转移到经清池消毒的新池中去，并采取增氧措施，以减少损失。

③ 清理水源和水环境，根除污染源，或者选择符合标准的地域建新池。

④ 对水域周围排放的污水进行理化和生物监测，经处理后的污水排放标准为：生化需氧量（BOD）小于60毫克/升，化学需氧量（COD）低于100毫克/升。

⑤ 新建养殖池必须进行浸泡后再使用，以降低土壤中有害物质含量。

8. 虾类的敌害

（1）鱼害 几乎所有肉食性的鱼类都是小龙虾饲养过程中的

敌害，包括乌鳢、鲈鱼、青鱼、鲤鱼等。如虾苗放养后发现有此类鱼活动，则可用2毫克/升鱼藤精进行杀灭除去。

（2）**鸟害** 养虾场中危害最大的水鸟要数鸥类和鹭类。由于这些鸟类是保护动物，所以只能采取恫吓的方法驱赶。

（3）**其他敌害** 水蛇、蛙类、老鼠等动物都吃幼虾和成虾，故要注意预防。

第六章 小龙虾的病害防治

附　录

附录1　无公害食品　淡水养殖用水水质 （NY 5051—2001）

1. 范围

本标准规定了淡水养殖用水水质要求、测定方法、检验规则和结果判定。

本标准适用于淡水养殖用水。

2. 规范性引用文件

下列文件中的条款通过本标准的引用而成为本标准的条款。凡是注日期的引用文件，其随后所有的修改单（不包括勘误的内容）或修订版均不适用于本标准，然而，鼓励根据本标准达成协议的各方研究是否可使用这些文件的最新版本。凡是不注日期的引用文件，其最新版本适用于本标准。

GB/T 5750　生活饮用水标准检验法

GB/T 7466　水质 总铬的测定

GB/T 7468　水质 总汞的测定 冷原子吸收分光光度法

GB/T 7469　水质 总汞的测定 高锰酸钾—过硫酸钾消解法 双硫腙分光光度法

GB/T 7470　水质 铅的测定 双硫腙分光光度法

GB/T 7471　水质 镉的测定 双硫腙分光光度法

GB/T 7472　水质 锌的测定 双硫腙分光光度法

GB/T 7473　水质 铜的测定 2，9 – 二甲基 – 1，10 – 菲啰啉分光光度法

GB/T 7474　水质 铜的测定 二乙基二硫代氨基甲酸钠分光光度法

GB/T 7475　水质 铜、锌、铅、镉的测定 原子吸收分光光度法

GB/T 7482　水质 氟化物的测定 茜素磺酸锆目视比色法

GB/T 7483　水质 氟化物的测定 氟试剂分光光度法

GB/T 7484　水质 氟化物的测定 离子选择电极法

GB/T 7485　水质 总砷的测定 二乙基二硫代氨基甲酸银分光光度法

GB/T 7490　水质 挥发酚的测定 蒸馏后 4 – 氨基安替比林分光光度法

GB/T 7491　水质 挥发酚的测定 蒸馏后溴化容量法

GB/T 7492　水质 六六六、滴滴涕的测定 气相色谱法

GB/T 8538　饮用天然矿泉水检验方法

GB 11607　渔业水质标准

GB/T 12997　水质 采样方案设计技术规定

GB/T 12998　水质 采样技术指导

GB/T 12999　水质 采样样品的保存和管理技术规定

GB/T 13192　水质 有机磷农药的测定 气相色谱法

GB/T 16488　水质 石油类和动植物油的测定 红外光度法

水和废水监测分析方法

3. 要求

3.1　淡水养殖水源应符合 GB 11607 规定。

3.2　淡水养殖用水水质应符合附表 1 要求。

附表 1　淡水养殖用水水质要求

序号	项目	标准值
1	色、臭、味	不得使养殖水体带有异色、异臭、异味
2	总大肠菌群，个/升	≤5 000
3	汞，毫克/升	≤0.000 5
4	镉，毫克/升	≤0.005
5	铅，毫克/升	≤0.05
6	铬，毫克/升	≤0.1
7	铜，毫克/升	≤0.01

续表

序号	项目	标准值
8	锌，毫克/升	≤0.1
9	砷，毫克/升	≤0.05
10	氟化物，毫克/升	≤1
11	石油类，毫克/升	≤0.05
12	挥发性酚，毫克/升	≤0.005
13	甲基对硫磷，毫克/升	≤0.0005
14	马拉硫磷，毫克/升	≤0.005
15	乐果，毫克/升	≤0.1
16	六六六（丙体），毫克/升	≤0.002
17	DDT，毫克/升	≤0.001

4. 测定方法

淡水养殖用水水质测定方法见附表1-2。

附表1-2 淡水养殖用水水质测定方法

序号	项目	测定方法		测试方法 标准编号	检测下限 毫克/升
1	色、臭、味	感官法		GB/T 5750	—
2	总大肠菌群	（1）多管发酵法		GB/T 5750	—
		（2）滤膜法			
3	汞	（1）原子荧光光度法		GB/T 8538	0.00005
		（2）冷原子吸收分光光度法		GB/T 7468	0.00005
		（3）高锰酸钾-过硫酸钾消解法双硫腙分光光度法		GB/T 7469	0.002
4	镉	（1）原子吸收分光光度法		GB/T 7475	0.001
		（2）双硫腙分光光度法		GB/T 7471	0.001
5	铅	（1）原子吸收 分光光度法	螯合萃取法	GB/T 7475	0.01
			直接法		0.2
		（2）双硫腙分光光度法		GB/T 7470	0.01
6	铬	二苯碳二肼分光光度法（高锰酸盐氧化法）		GB/T 7466	0.004

序号	项目	测定方法		测试方法 标准编号	检测下限 mg/L
7	砷	（1）原子荧光光度法		GB/T 8538	0.000 04
		（2）二乙基二硫代氨基甲酸银分光光度法		GB/T 7485	0.007
8	铜	（1）原子吸收分光光度法	螯合萃取法	GB/T 7475	0.001
			直接法		0.05
		（2）二乙基二硫代氨基甲酸钠分光光度法		GB/T 7474	0.010
		（3）2，9-二甲基-1，10-菲啰啉分光光度法		GB/T 7473	0.06
9	锌	（1）原子吸收分光光度法		GB/T 7475	0.05
		（2）双硫腙分光光度法		GB/T 7472	0.005
10	氟化物	（1）茜素磺酸锆目视比色法		GB/T 7482	0.05
		（2）氟试剂分光光度法		GB/T 7483	0.05
		（3）离子选择电极法		GB/T 7484	0.05
11	石油类	（1）红外分光光度法		GB/T 16488	0.01
		（2）非分散红外光度法			0.02
		（3）紫外分光光度法		《水和废水监测分析方法》（国家环保局）	0.05
12	挥发酚	（1）蒸馏后4-氨基安替比林分光光度法		GB/T 7490	0.002
		（2）蒸馏后溴化容量法		GB/T 7491	—
13	甲基对硫磷	气相色谱法		GB/T 13192	0.000 42
14	马拉硫磷	气相色谱法		GB/T 13192	0.000 64
15	乐果	气相色谱法		GB/T 13192	0.000 57
16	六六六	气相色谱法		GB/T 7492	0.000 004
17	DDT	气相色谱法		GB/T 7492	0.000 2

注：对同一项目有两个或两个以上测定方法的，当对测定结果有异议时，方法
（1）为仲裁测定方法。

附
录

5. 检验规则

检测样品的采集、贮存、运输和处理按 GB/T 12997、GB/T 12998 和 GB/T 12999 的规定执行。

6. 结果判定

本标准采用单项判定法，所列指标单项超标，判定为不合格。

附录 2　无公害食品　渔用配合饲料安全限量 （NY 5072—2002）

1. 范围

本标准规定了渔用配合饲料安全限量的要求、试验方法、检验规则。

本标准适用于渔用配合饲料的成品，其他形式的渔用饲料可参照执行。

2. 规范性引用文件

下列文件中的条款通过本标准的引用而成为本标准的条款。凡是注日期的引用文件，其随后所有的修改单（不包括勘误的内容）或修订版均不适用于本标准，然而，鼓励根据本标准达成协议的各方研究是否可使用这些文件的最新版本。凡是不注日期的引用文件，其最新版本适用于本标准。

GB/T 5009.45—1996　水产品卫生标准的分析方法

GB/T 8381—1987　饲料中黄曲霉素 B_1 的测定

GB/T 9675—1988　海产食品中多氯联苯的测定方法

GB/T 13080—1991　饲料中铅的测定方法

GB/T 13081—1991　饲料中汞的测定方法

GB/T 13082—1991　饲料中镉的测定方法

GB/T 13083—1991　饲料中氟的测定方法

GB/T 13084—1991　饲料中氰化物的测定方法

GB/T 13086—1991　饲料中游离棉酚的测定方法

GB/T 13087—1991　饲料中异硫氰酸酯的测定方法

GB/T 13088—1991　饲料中铬的测定方法

GB/T 13089—1991　饲料中噁唑烷的测定方法

淡水小龙虾高效生态养殖新技术

GB/T 13090—1991　饲料中六六六、滴滴涕的测定方法

GB/T 13091—1991　饲料中沙门氏菌的测定方法

GB/T 13082—1991　饲料中霉菌的测定方法

GB/T 14699.1—1991　饲料采样方法

GB/T 17480—1991　饲料中黄曲霉素 B_1 的测定　酶联免疫吸附法

NY5071　无公害食品　渔用药物使用准则

SC3501—1996　鱼粉

SC/T 3502　鱼油

《饲料药物添加剂使用规范》［中华人民共和国农业部公告（2001）第（168）号］

《禁止在饲料饮用水中使用的药物品种目录》［中华人民共和国农业部公告（2002）第（176）号］

《食品动物禁用的兽药及其他化合物清单》、［中华人民共和国农业部公告（2002）第（193）号］

3. 要求

3.1　原料要求

3.1.1　加工渔用饲料所用原料应符合各类原料标准的规定，不得使用受潮、生虫、腐败变质及受到石油、农药、有害金属等污染的原料。

3.1.2　皮革粉应经过脱铬、脱毒处理。

3.1.3　大豆原料应经过破坏蛋白酶抑制因子的处理。

3.1.4　鱼粉的质量应符合 SC 3501 的规定。

3.1.5　鱼油的质量应符合 SC/T 3502 中二级精制鱼油的要求。

3.1.6　使用的药物添加剂种类及用量应符合 NY 5071、《饲料药物添加剂使用规范》、《禁止在饲料饮用水中使用的药物品种目录》、《食品动物禁用的兽药及其他化合物清单》的规定；若有新的公告发布，按新规定执行。

3.2　安全指标

渔用配合饲料的安全指标限量应符合附表 2－1 规定。

附表 2 – 1 渔用配合饲料的安全指标限量

项目	限量	适用范围
铅(以 Pb 计),毫克/千克	≤5.0	各类渔用配合饲料
汞(以 Hg 计),毫克/千克	≤0.5	各类渔用配合饲料
无机砷(以 As 计),毫克/千克	≤3	各类渔用配合饲料
镉(以 Cd 计),毫克/千克	≤3 ≤0.5	海水鱼类、虾类配合饲料 其他渔用配合饲料
铬(以 Cr 计),毫克/千克	≤10	各类渔用配合饲料
氟(以 F 计),毫克/千克	≤350	各类渔用配合饲料
游离棉酚,毫克/千克	≤300 ≤150	温水杂食性鱼类、虾类配合饲料 冷水性鱼类、海水鱼类配合饲料
氰化物,毫克/千克	≤50	各类渔用配合饲料
多氯联苯,毫克/千克	≤0.3	各类渔用配合饲料
异硫氰酸酯,毫克/千克	≤500	各类渔用配合饲料
噁唑烷硫酮,毫克/千克	≤500	各类渔用配合饲料
油脂酸价(KOH),毫克/千克	≤2 ≤6 ≤3	渔用育苗配合饲料 渔用育成配合饲料 鳗鲡育成配合饲料
黄曲霉素 B_1,毫克/千克	≤0.01	各类渔用配合饲料
六六六,毫克/千克	≤0.3	各类渔用配合饲料
滴滴涕,毫克/千克	≤0.2	各类渔用配合饲料
沙门氏菌,cfu/25 克	不得检出	各类渔用配合饲料
霉菌,cfu/克	≤3×10^4	各类渔用配合饲料

4. 检验方法

4.1　铅的测定　按 GB/T 13080—1991 规定进行。

4.2　汞的测定　按 GB/T 13081—1991 规定进行。

4.3　无机砷的测定　按 GB/T 5009.45—1996 规定进行。

4.4　镉的测定　按 GB/T 13082—1991 规定进行。

4.5　铬的测定　按 GB/T 13088—1991 规定进行。

4.6　氟的测定　按 GB/T 13083—1991 规定进行。

4.7　游离棉酚的测定　按 GB/T 13086—1991 规定进行。

4.8　氰化物的测定　按 GB/T 13084—1991 规定进行。

4.9　多氯联苯的测定　按 GB/T 9675—1988 规定进行。

4.10　异硫氰酸酯的测定　按 GB/T 13087—1991 规定进行。

4.11　噁唑烷硫酮的测定　按 GB/T 13089—1991 规定进行。

4.12　油脂酸价的测定　按 SC3501—1996 规定进行。

4.13　黄曲霉素 B_1 的测定　按 GB/T 8381—1987、GB/T 17480—1998 规定进行，其中 GB/T 8381—1987 为仲裁方法。

4.14　六六六、滴滴涕的测定　按 GB/T 13090—1991 规定进行。

4.15　沙门氏菌的检验　按 GB/T 13091—1991 规定进行。

4.16　霉菌的检验　按 GB/T 13092—1991 规定进行。

5. 检验规则

5.1　抽样

以生产企业中每天（班）生产的成品为一检验批，按批号抽样。在销售者或用户处按产品出厂包装的标示批号抽样。

5.2　抽样

渔用配合饲料产品的抽样按 GB/T 14699.1—1993 规定执行。

批量在 1 吨以下时，按其袋数的四分之一抽取。批量在 1 吨以上时，抽样袋数不少于 10 袋。沿堆积立面以"×"形或"W"形对各袋抽取。产品未堆垛时应在各部位随机抽取，样品抽取时一般应用钢管或铜制管制成的槽形取样品。由各袋取出的样品应充分混匀后按四分法分别留样。每批饲料的检验用样不少于 500 克。另有同样数量的样品作留样备查。

作为抽样应有记录，内容包括：样品名称、型号、抽样时间、地点、产品批号、抽样数量、抽样人签字等。

5.3　判定

5.3.1　渔用配合饲料中所检的各项安全指标均应符合标准要求。

5.3.2　所检安全指标中有一项不符合标准规定时，允许加倍抽样将此项指标复验一次，按复验结果判定本批产品是否合格。经复验后所检指标仍不合格的产品则判为不合格品。

附录3 无公害食品 水产品中渔药残留限量 （NY 5070—2002）

1. 范围

本标准规定了无公害水产品中渔药及通过环境污染造成的药物残留的最高限量。

2. 规范性引用文件

下列文件中的条款通过本标准的引用而成为本标准的条款。凡是注日期的引用文件，其随后所有的修改单（不包括勘误的内容）或修订版均不适用于本标准，然而，鼓励根据本标准达成协议的各方研究是否可使用这些文件的最新版本。凡是不注日期的引用文件，其最新版本适用于本标准。

NY 5029—2001 无公害食品 猪肉

NY 5071 无公害食品 渔用药物使用准则

SC/T 3303—1997 冻烤鳗

SN/T 0179--1993 出口肉品中喹乙醇残留量检验方法

SN 0206—1993 出口活鳗鱼中噁喹酸残留量检验方法

SN 0208—1993 出口肉品中十种磺胺残留量检验方法

SN 0530—1996 出口肉品中呋喃唑酮残留量的检验方法 液相色谱法

3. 术语和定义

下列术语和定义适用于本标准。

3.1 渔用药物 fishery drugs

用以预防、控制和治疗水产动、植物的病、虫、害，促进养殖品种健康生长，增强机体抗病能力以及改善养殖水体质量的一切物质，简称"渔药"。

3.2 渔药残留 residues of fishery drugs

在水产品的任何食用部分中渔药的原型化合物或/和其代谢产物，并包括与药物本体有关杂质的残留。

3.3 最高残留限量 Maximum Residue Limit，MRL

允许存在于水产品表面或内部（主要指肉与皮或/和性腺）的该药（或标志残留物）的最高量/浓度（以鲜重计，表示为：微克/千克或毫克/千克）。

4. 要求

4.1 渔药使用

水产养殖中禁止使用国家、行业颁布的禁用药物，渔药使用时按 NY 5071 的要求进行。

4.2 水产品中渔药残留限量要求

水产品中渔药残留限量要求见附表 3－1。

附表 3－1　水产品中渔药残留限量

药物类别		药物名称		指标(MRL)/
		中文	英文	(微克·千克$^{-1}$)
抗生素类	四环素类	金霉素	Chlortetracycline	100
		土霉素	Oxytetracycline	100
		四环素	Tetracycline	100
	氯霉素类	氯霉素	Chloramphenicol	不得检出
磺胺类及增效剂		磺胺嘧啶	Sulfadiazine	100
		磺胺甲基嘧啶	Sulfamerazine	（以总量计）
		磺胺二甲基嘧啶	Sulfadimidine	100
		磺胺甲噁唑	Sulfamethoxaozole	
		甲氧苄啶	Trimethoprim	50
喹诺酮类		噁喹酸	Oxilinic acid	300
硝基呋喃类		呋喃唑酮	Furazolidone	不得检出
其他		己烯雌酚	Diethylstilbestrol	不得检出
		喹乙醇	Olaquindox	不得检出

5. 检测方法

5.1 金霉素、土霉素、四环素

金霉素测定按 NY 5029—2001 附录 B 中规定执行，土霉素、四环素按 SC/T 3303—1997 中附录 A 规定执行。

5.2 氯霉素

氯霉素残留量的筛选测定方法按本标准中附录 A 执行，测定按 NY 5029—2001 中附录 D（气相色谱法）的规定执行。

5.3 磺胺类

磺胺类中的磺胺甲基嘧啶、磺胺二甲基嘧啶的测定按 SC/T 3303 的规定执行，其他磺胺类按 SN/T 0208 的规定执行。

5.4 噁喹酸

噁喹酸的测定按 SN/T 0206 的规定执行。

5.5 呋喃唑酮

呋喃唑酮的测定按 SN/T 0530 的规定执行。

5.6 己烯雌酚

己烯雌酚残留量的筛选测定方法按本标准中附录 B 规定执行。

5.7 喹乙醇

喹乙醇的测定按 SN/T 0197 的规定执行。

6. 检验规则

6.1 检验项目

按相应的产品标准的规定项目进行。

6.2 抽样

6.2.1 组批原则

同一水产养殖场内，在品种、养殖时间、养殖方法、基本方式基本相同的养殖水产品为一批（同一养殖池，或多个养殖池）；水产加工品按批号抽样，在原料及生产条件基本相同下同一天或同一班组生产的产品为一批。

6.2.2 抽样方法

6.2.2.1 养殖水产品

随机从各养殖池抽取有代表性的样品，取样量见附表 3 - 2。

附表 3 - 2　取样量

生物数量/（尾、只）	取样量/（尾、只）
500 以内	2
500 ~ 1 000	4
1 001 ~ 5 000	10
5 001 ~ 10 000	20
≥10 001	30

6.2.2.2 水产加工品

每批抽取样本以箱为单位，100 箱以内取 3 箱，以后每增加 100 箱（包括不足 100 箱）则抽 1 箱。

按所取样本从每箱内各抽取样品不少于 3 件，每批取样量不少于 10 件。

6.3　取样和样品的处理

采集的样品应分成两等份，其中一份作为留样。从样本中取有代表性的样品，装入适当容器，并保证每份样品都能满足分析的要求；样品的处理按规定的方法进行，通过细切、绞肉机绞碎、缩分，使其混合均匀；鱼、虾、贝、藻等各类样品量不少于 200 克。各类样品的处理方法如下：

a) 鱼类：先将鱼体表面杂质洗净，去掉鳞、内脏，取肉（包括脊背和腹部），肉和皮一起绞碎，特殊要求除外。

b) 龟鳖类：去头、放出血液，取其肌肉包括裙边，绞碎后进行测定。

c) 虾类：洗净后，去头、壳，取其肌肉进行测定。

d) 贝类：鲜的、冷冻的牡蛎、蛤蜊等要把肉和体液调制均匀后进行分析测定。

e) 蟹：取肉和性腺进行测定。

f) 混匀的样品，如不及时分析，应置于清洁、密闭的玻璃容器，冰冻保存。

6.4　判定规则

按不同产品的要求所检的渔药残留各指标均应符合本标准的要求，各项指标中的极限值采用修约值比较法。超过限量标准规定时，允许加倍抽样将此项指标复验一次，按复验结果判定本批产品是否合格。经复检后所检指标仍不合格产品判为不合格品。

（附录 A、B 略）

附录4　食品动物禁用的兽药及其他化合物清单

主要有以下21类：

1. β-兴奋剂类：包括沙丁胺醇，克伦特罗，马希特罗，及其盐、酯类制剂。

2. 性激素类：包括乙烯雌酚，及其盐、酯类制剂。

3. 类雌激素物质：包括醋酸甲孕酮，玉米雌霉醇，去甲雄三烯醇酮，及其制剂。

4. 氯霉素及其盐，酯类制剂，（包括琥珀酰氯霉素）。

5. 氨苯砜，及其制剂。

6. 硝基呋喃类：包括呋喃唑酮，呋喃它酮，呋喃苯烯酸钠。

7. 硝基化合物：硝基酚钠，硝基烯腙，及其制剂。

8. 镇静类：安眠酮，及其制剂。

9. 林丹（丙体六六六）。

10. 毒杀芬（氯化烯）。

11. 呋喃丹（克百威）。

12. 杀虫脒（克死螨）。

13. 双甲脒。

14. 酒石酸锑钾。

15. 锥虫胂胺。

16. 孔雀石绿。

17. 五氯酚酰钠。

18. 汞制剂：包括硝酸亚汞，氯化亚汞（甘汞），醋酸汞，吡啶基醋酸汞。

19. 性激素类：甲基丸酮，丙酸酮，苯丙酸诺龙，苯甲酸雌二醇及其盐。

20. 镇静类：包括氯丙嗪，安定，及其盐、酯类制剂。

21. 硝基咪唑：甲硝唑，地美硝唑，及其盐、酯类制剂。

其中，1—8 类在所有用途上禁止使用，在所有食用动物上禁止使用。9—18 类作为杀虫剂禁止使用，在所有食用动物上禁止使用，10 类作为清塘剂禁止使用，16 类作为抗菌剂用途也禁止使用，17 类作为杀螺剂禁止使用。19—21 类在促生长用途上禁止使用，在所有食用动物上禁止使用。

参考文献

蔡凤金，武正军，何南. 2010. 克氏原螯虾的入侵生态学研究进展 [J]. 生态学杂志，29（1）：124—132.

曹烈，王建民，黄金球. 2009. 克氏原螯虾工厂化繁育技术研究 [J]. 江西水产科技，（2）：14—19.

陈昌福，田甜，贺中华. 2009. 盐酸土霉素对人工致病克氏原螯虾的治疗效果研究 [J]. 华中农业大学学报，28（5）：600—603.

陈昌福. 2009. 淡水螯虾传染性疾病的研究进展 [J]. 华中农业大学学报，28（4）：507—512.

丁荣，唐建清. 2009. 专池繁育优质克氏原螯虾虾苗种技术 [J]. 水产养殖，（12）：33.

窦寅，黄越峰，唐建清. 2010. 水蕹菜植生型混凝土对克氏原螯虾养殖污水除磷效果的研究 [J]. 安徽农业科学，38（2）：766—768.

费志良，宋胜磊，唐建清，等. 2004. 克氏原螯虾含肉率及蜕皮周期中微量元素分析 [J]. 水产科学，24（10）：8—11.

郭晓鸣，朱松泉. 1997. 克氏原螯虾幼体发育的初步研究 [J]. 动物学报，43（4）：372—381.

何金星，周雪瑞，唐建清，等. 2009. 多重周期饥饿后克氏原螯虾的补偿生长及生理指标变化 [J]. 安徽农业科学，2009，37（34）：16890—16893.

呼光富，刘香江. 2008. 克氏原螯虾生物学特性及其对我国淡水养殖业产生的影响 [J]. 北京水产，（1）：49—51.

江河，汪留会. 2002. 克氏原螯虾的生物学特性和人工养殖技术 [J]. 齐鲁渔业，19（12）：13—15.

江河，汪留会. 2008. 克氏原螯虾的生物学特性 [J]. 安徽农业，（8）：29—30.

江苏省科技厅. 2009. 新农村实用科技知识简明读本. 江苏：江苏科学技术出版社.

李洪涛，周文宗，高红莉，等. 2006. 盐度和碱度对克氏原螯虾的联合毒性试验 [J]. 水产养殖，27（5）：1—4.

李浪平，吕建林，龚世园. 2006. 克氏原螯虾形态参数关系的初步研究

[J]. 水利渔业, 26 (3)：40—42.

李铭, 董卫军, 邢迎春. 2006. 温度对克氏原螯虾幼虾发育和存活的影响 [J]. 水利渔业, 26 (2)：36—37.

李庭古. 2009. 盐度对克氏原螯虾幼虾耗氧率和排氨率的影响 [J]. 水产科学, 28 (11)：698—700.

李文杰, 周国勤, 朱菲莉. 2009. 检验克氏原螯虾白斑综合征病毒 (WSSV) 的巢式 PCR 方法的建立与初步应用 [J]. 南京师大学报 (自然科学版), 32 (2)：98—102.

李文杰. 1990. 值得重视的淡水渔业对象—螯虾 [J]. 水产养殖, (1)：19—20.

刘秀霞, 沈涓, 周红, 等. 2009. 动物攻击行为的研究进展 [J]. 中国畜牧兽医, 36 (4)：196—200.

陆剑锋, 赖年悦, 成永旭. 2006. 淡水小龙虾资源的综合利用及其开发价值 [J]. 农产品加工, (10)：47—63.

吕佳, 宋胜磊, 唐建清, 等. 2004. 克氏原螯虾受精卵发育的温度因子数学模型分析 [J]. 南京大学学报 (自然科学), 40 (2)：226—231.

罗静波, 曹志华, 蔡太锐, 等. 2006. 氨氮对克氏原螯虾幼虾的急性毒性研究 [J]. 长江大学学报 (自然版), 3 (4) 农学卷：183—185.

罗梦良, 钱名全. 2003. 虾仁加工废弃的头、壳的综合利用 [J]. 淡水渔业, 33 (6)：59—60.

慕峰, 成永旭, 吴旭干. 2007. 世界淡水螯虾的分布与产业发展 [J]. 上海水产大学学报, 16 (1)：64—72.

钱飞, 陈焱, 刘海英. 2009. 克氏原螯虾虾头酶解工艺的研究 [J]. 食品工业科技, 30 (6)：271—274.

邱高峰, 堵南山, 赖伟. 1995. 克氏原螯虾交配行为的研究 [J]. 上海水产大学学报, 4 (1)：39—44.

任信林, 凌武海, 纪翠萍. 2009. 环境因子对克氏原螯虾养殖的影响. 水产科学, 28 (11)：710—712.

舒新亚. 1998. 淡水螯虾的养殖与利用 [J]. 渔业致富指南, (2)：40—41.

孙志周. 2003. 谈克氏原螯虾的开发利用 [J]. 渔业致富指南, 18：37.

汤靓颖. 2009. 小龙虾产业发展研究 [J]. 现代农业科技, (22)：308—309.

唐建清，宋胜磊，潘建林，等. 2004. 克氏原螯虾对几种人工洞穴的选择性 [J]. 水产科学，23（5）：26—28.

唐建清，腾忠祥，周继刚. 2006. 淡水虾规模养殖关键技术 [M]. 江苏：科学技术出版社.

唐建清. 2009. 克氏原螯虾养殖技术（五）　[J]. 水产养殖，（6）：39—40.

唐建清. 2009. 克氏原螯虾养殖技术 [J]. 水产养殖，（7）：40—42.

田深水，王国良. 2009. 克氏原螯虾池塘生态养殖技术 [J].（18）：270—272.

王汝娟，黄寅墨，朱武成. 1996. 克氏螯虾与中国对虾微量元素与氨基酸含量的比较 [J]. 中国海洋药物，（3）：20—22.

王汝娟，朱武成，黄寅墨，等. 1997. 克氏螯虾的营养和药用价值 [J]. 山东中医药大学学报，21（1）：74—75.

王蕊. 2008. 克氏原螯虾的营养保健功能及相关食品的研究与开发 [J]. 水产科技情报，35（1）：24—27.

王顺昌. 2003. 克氏原螯虾的生物学和生态养殖模式 [J]. 淡水渔业，33（4）：59—61.

王卫民. 1999. 软壳克氏原螯虾在我国开发利用的前景 [J]. 水生生物学报，23（4）：376—381.

魏青山. 1985. 武汉地区克氏原螯虾的生物学研究 [J]. 华中农学院学报，4（1）：16—24.

温小波，库天梅，罗静波. 2003. 克氏原螯虾耗氧率及窒息点的研究 [J]. 大连水产学院学报，18（3）：170—174.

温小波，库天梅，罗静波. 2003. 温度、体重及摄食状态对克氏原螯虾代谢的影响 [J]. 华中农业大学学报，22（2）：152—156.

奚业文. 2002. 浅谈克氏原螯虾的开发价值 [J]. 北京水产，（4）：8—9.

夏爱军. 2007. 小龙虾养殖技术. 北京. 中国农业大学出版社.

肖英平，吴志强，胡向萍，等. 2009. 克氏原螯虾幼体发育时期消化酶活力及氨基酸含量研究 [J]. 淡水渔业，39（1）：41—44.

肖召旺. 2010. 藕田无公害养殖克氏原螯虾技术初探 [J]. 渔业致富指南，（2）：47—49.

谢文星，董方勇，谢山，等. 2008. 克氏原螯虾的食性、繁殖和栖息习性研究 [J]. 水利渔业，28（4）：63—65.

徐加元，岳彩锋，戴颖，等. 2008. 水温、光周期和饲料对克氏原螯虾雌虾成活和性腺发育的影响 [J]. 华中师范大学学报（自然科学版），42（1）：97—101.

严维辉，唐建清，刘炜，等. 2008. 不同遮蔽物对克氏原螯虾幼虾成活率的影响 [J]. 齐鲁渔业，25（7）：30—31.

张家宏，寇祥明，王守红，等. 2008. 不同饵料配比对克氏原螯虾生长及抱卵的影响初探 [J]. 饲料博览，（5）：1—3.

赵朝阳，周鑫，徐增洪. 2009. 克氏原螯虾池塘和稻田集约化养殖技术及工艺 [J]. 湖北农业科学，（7）：1716—1718.

赵朝阳，周鑫，徐增洪. 2009. 4种水产药物对克氏原螯虾的急性毒性研究 [J]. 吉林农业大学学报，31（4）：456—459.

郑生顺. 1999. 克氏原螯虾生活习性观察 [J]. 水产养殖，（4）：9—10.

周洵，迟宗福，徐世泽，等. 2009. 克氏原螯虾大水面增养技术研究 [J]. 中国水产，（6）：36—37.

周洵，徐世泽，陈冬林. 2009. 克氏原螯虾疾病防治技术 [J]. 中国水产，（7）：60.

周洵. 2008. 克氏原螯虾个体生殖力及应用技术的研究 [J]. 江西水产科技，（1）：8—11.

祝尧荣，寿建昕，沈文英. 2009. 温度对克氏原螯虾消化酶活性的影响 [J]. 浙江农业学报，21（3）：238—240.

Ahvenharju T, Ruohonen K, 2006. Unequal division of food resources suggests feeding hierarchy of signal crayfish (*Pacifastacus leniusculus*) juveniles. *Aquaculture*, 259: 181—189.

Carmona – Osalde C, Rodriguez – Serna M, Olvera – Novoa M A, *et al.* , 2004. Effect of density and sex ratio on gonad development and spawning in the crayfish *Procambarus llamasi*. *Aquaculture*, 236（1-4）：331—339.

Croll S L, Watts S A, 2004. The effect of temperature on feed consumption and nutrient absorption in *Procambarus clarkii* and *Procambarus zonangulus*. *J world aquacult soc*, 35（4）：478—488.

Cruz M J, Revelo R, Crespo E G, 2006. Effects of an introduced crayfish, Procambarus clarkii, on the distribution of south – western Iberian amphibians in their breeding habitats. *Ecography*, 29：329—338.

D'Abramo L R, Ohs C L, Elgarico K C E, 2006. Effects of Added Substrate on

参考文献

淡水小龙虾高效生态养殖新技术

Production of Red Swamp Crawfish, *Procambarus clarkii*, in Earthen Ponds without Planted Forage. *J World Aquacult Soc*, 37 (3): 307—312.

Fanjul - moles M L, Miranda - anaya M, Fuentes - parado B, 1992. Effect of monochromatic light upon the erg circadian rhythm in crayfish (*Procambarus clarkii*). *Comp Biochem Physiol*, 102 (1): 99—106.

Fanjul - Moles M L, Bosques - Tistler T, Prieto - Sagredo J, et al., 1998. Effect of variation in photoperiod and light intensity on oxygen consumption, lactate concentration and behavior in crayfish *Procambarus clarkii* and *Procambarus digueti*. *Comp Biochem Physiol*, 119A (1): 263—269.

Huner J V, 1995. An overview of the Status of freshwater crawfish culture. *J Shellfish Res*, 14: 539—543.

Jones C M, Ruscoe I M, 2000. Assessment of stocking size and density in the production of redclaw crayfish, *Cherax quadricarinatus* (von Martens) (Decapoda: Parastacidae), cultured under earthen pond conditions. *Aquaculture*, 189 (1 - 2): 63—71.

McClain W R, 2000. Assessment of depuration system and duration on gut evacuation rate and mortality of red swamp crawfish. *Aquaculture*, 186 (3 - 4): 267—278.

McClain W R, Romaire R P, 2009. Contribution of different food supplements to growth and production of red swamp crayfish. *Aquaculture*, 294 (1 - 2): 93—98.

Mugnier C, Soyez C, 2005. Response of the blue shrimp *Litopenaeus stylirostris* to temperature decrease and hypoxia in relation to molt stage. *Aquaculture*, 244 (1 - 4): 315—322.

Mugnier C, Zipper E, Goarant C, et al., 2008. Combined effect of exposure to ammonia and hypoxia on the blue shrimp *Litopenaeus stylirostris* survival and physiological response in relation to molt stage, *Aquaculture*, 274 (2 - 4): 398—407.

O'Connor T, Whitall D, 2007. Linking hypoxia to shrimp catch in the northern Gulf of Mexico. *Mar Pollut Bull*, 54 (4): 460—463.

Ramalho R O, Correia A M, Anastácio P M, 2008. Effects of density on growth and survival of juvenile Red Swamp Crayfish, *Procambarus clarkii* (Girard), reared under laboratory conditions. *Aquac Res*, 39: 577—586.

Pennak R W. Freshwater invertebrate of the United States. New York: The Ronald Press, 1953.

Wang W, Gu W, Ding Z F, *et al.* , 2005. A novel Spiroplasma pathogen causing systemic infection in the crayfish *Procambarus clarkii* (Crustacea: Decapod), in China. FEMS microbiol lett, 249 (1): 131—137.

Wu L, Dong S, 2002. Compensatory growth responses in juvenile Chinese shrimp, *Fenneropena – eus chinensis* Osbeck, at different temperatures. *J Crustacean Biol*, 22 (3): 511—520.

参考文献

海洋出版社水产养殖类图书目录

书名	作者
水产养殖新技术推广指导用书	
黄鳝、泥鳅高效生态养殖新技术	马达文 主编
翘嘴鲌高效生态养殖新技术	马达文 王卫民 主编
斑点叉尾鮰高效生态养殖新技术	马达文 主编
鳗鲡高效生态养殖新技术	王奇欣 主编
淡水珍珠高效生态养殖新技术	李应森 李家乐 主编
鲟鱼高效生态养殖新技术	杨德国 主编
乌鳢高效生态养殖新技术	肖光明 主编
河蟹高效生态养殖新技术	周 刚 主编
青虾高效生态养殖新技术	龚培培 主编
淡水小龙虾高效生态养殖新技术	唐建清 主编
海水蟹高效生态养殖新技术	归从时 主编
南美白对虾高效生态养殖新技术	李卓佳 主编
日本对虾高效生态养殖新技术	翁 雄 宋盛宪 何建国等 编著
扇贝高效生态养殖新技术	杨爱国 王春生 林建国 编著
水产养殖系列丛书	
黄鳝养殖致富新技术与实例	王太新 著
泥鳅养殖致富新技术与实例	王太新 编著
淡水小龙虾（克氏原螯虾）健康养殖实用新技术	梁宗林 孙 骥 陈士海 编著
罗非鱼健康养殖实用新技术	朱华平 卢迈新 黄樟翰 编著
河蟹健康养殖实用新技术	郑忠明 李晓东 陆开宏 等 编著
黄颡鱼健康养殖实用新技术	刘寒文 雷传松 编著
香鱼健康养殖实用新技术	李明云 著
优良龟类健康养殖大全	王育锋 主编
淡水优良新品种健康养殖大全	付佩胜 轩子群 刘 芳等 编著
中华鳖健康养殖实用新技术	轩子群 马汝芳 林玉霞 等 编著

书名	作者
鲍健康养殖实用新技术	李 霞 王 琦 刘明清 岳 昊 编著
鲑鳟、鲟鱼健康养殖实用新技术	毛洪顺 主编
金鲳鱼（卵形鲳鲹）工厂化育苗与规模化快速养殖技术	古群红 宋盛宪 梁国平 编著
刺参健康增养殖实用新技术	常亚青 于金海 马悦欣 编著
对虾健康养殖实用新技术	宋盛宪 李色东 翁 雄等 编著
半滑舌鳎健康养殖实用新技术	田相利 张美昭 张志勇等 编著
海参健康养殖技术（第2版）	于东祥 孙慧玲 陈四清等 编著
海水工厂化高效养殖体系构建工程技术	曲克明 杜守恩 编著
饲料用虫养殖新技术与高效应用实例	王太新 编著
龟鳖高效养殖技术图解与实例	章 剑 著
石蛙高效养殖新技术与实例	徐鹏飞 叶再圆 编著
泥鳅高效养殖技术图解与实例	王太新 编著
黄鳝高效养殖技术图解与实例	王太新 著
淡水小龙虾高效养殖技术图解与实例	陈昌福 陈萱 编著
图说鳗鲡疾病防治	林天龙 龚 晖 主编
图说斑点叉尾鮰疾病防治	汪开毓 肖 丹 主编
龟鳖病害防治黄金手册	章 剑 王保良 著
海水养殖鱼类疾病与防治手册	战文斌 绳秀珍 编著
淡水养殖鱼类疾病与防治手册	陈昌福 陈 萱 编著
对虾健康养殖问答（第2版）	徐实怀 宋盛宪 编著
河蟹高效生态养殖问答与图解	李应森 王 武 编著
王太新黄鳝养殖100问	王太新 著